普通高等教育数学与物理类基础课程系列教材

大学物理导学与提升教程
（下册）

翟中海　主编

北京理工大学出版社
BEIJING INSTITUTE OF TECHNOLOGY PRESS

内 容 简 介

本书是编者根据工科院校大学物理课程的特点，并结合多年一线教学经验编写而成的。本书为下册，配套马文蔚等主编的《物理学（第七版）》，包括恒定磁场、电磁感应 电磁场、光学、相对论、量子物理等五章内容，每章由授课章节、目的要求、重点难点、主要内容、例题精解等部分构成，书后精心编排了两套综合习题、三套综合测试，并给出了参考答案。

本书适用于普通高等院校工科各专业的学生，同时对成人教育各专业的学生和高等院校教授大学物理的教师也具有一定的参考价值。

图书在版编目（CIP）数据

大学物理导学与提升教程. 下册／翟中海主编.

北京：北京理工大学出版社，2024.6（2024.9 重印）.

ISBN 978-7-5763-4307-6

Ⅰ. O4

中国国家版本馆 CIP 数据核字第 2024LD0120 号

责任编辑： 陆世立　　　**文案编辑：** 李　硕

责任校对： 刘亚男　　　**责任印制：** 李志强

出版发行／北京理工大学出版社有限责任公司

社　　址／北京市丰台区四合庄路 6 号

邮　　编／100070

电　　话／（010）68914026（教材售后服务热线）

　　　　　　（010）63726648（课件资源服务热线）

网　　址／http://www.bitpress.com.cn

版印次／2024 年 9 月第 1 版第 2 次印刷

印　　刷／涿州市新华印刷有限公司

开　　本／787 mm×1092 mm　1/16

印　　张／8

字　　数／160 千字

定　　价／26.00 元

前　言

　　大学物理是理工科各专业的一门重要基础课，同时也是全国硕士研究生入学考试的专业科目之一。与高中物理相比，大学物理的理论更加抽象，逻辑推理更加严密。由于许多物理问题的概念性、理论性、技巧性较强，又需要以高等数学为工具，运用物理学的基本概念和规律去分析和解决问题，因此学生普遍反映这门课程较难掌握。我们编写本书的目的就是帮助学生尽快明确学习要求，厘清知识脉络，完成学习方法和思维方式的转变，掌握解题的思路和方法，提高综合应用所学知识去分析问题和解决问题的能力，为后续课程的学习打下坚实的基础。

　　本书对大学物理知识点进行了简洁、清晰、全面的归纳，题型主要采用选择题、填空题和计算题，题目难度适中，既能考查学生对物理基本概念、基本规律的理解，也能考查学生对物理知识的迁移能力和运用能力，有利于促进大学物理课程的"教"和"学"。

　　本书由翟中海主编，参加本书编写的工作人员分工如下：李星（第七章，恒定磁场），李强（第八章，电磁感应　电磁场），薛志超（第十一章，光学），汪青杰（第十四章，相对论），颜婷婷（第十五章，量子物理），翟中海（综合习题，综合测试）。

　　本书在编写过程中参考了相关的教材、教学辅导书和网络电子资料，各章节序号基本与马文蔚等主编的《物理学（第七版）》中各章节序号一致，并根据一般院校教学大纲删减了部分章节。

　　由于编者水平有限，书中难免存在疏漏和不当之处，恳请广大读者批评指正。

编　者

2024 年 5 月

目　录

授课章节	第七章　恒定磁场 7.3 磁场　磁感应强度；7.4 毕奥–萨伐尔定律
目的要求	掌握磁感应强度的定义和物理意义；掌握毕奥–萨伐尔定律及其应用；掌握运动电荷的磁场及等效圆电流法
重点难点	毕奥–萨伐尔定律及其应用（叠加法、组合法）；用等效圆电流法求磁感应强度

主要内容

一、磁场、磁感应强度

磁场中任一点都存在一个特殊的方向和确定的比值 f_{max}/qv，这与实验运动电荷的性质无关。定义一个矢量函数 $\boldsymbol{B}$，规定它的大小为 $B = \dfrac{f_{max}}{qv}$，即以单位速率运动的单位正电荷所受到的磁力，其方向为放在该点的小磁针平衡时 N 极的指向，$\boldsymbol{B}$ 称为磁感应强度。

二、毕奥–萨伐尔定律

在载流导线上取电流元 $Id\boldsymbol{l}$，该电流元在空间中任一点 P 处产生的磁感应强度为 $d\boldsymbol{B}$，$Id\boldsymbol{l}$ 与矢径 $\boldsymbol{r}$ 的夹角为 θ，实验表明，在真空中有

$$dB = \frac{\mu_0}{4\pi} \frac{Idl\sin\theta}{r^2}$$

$d\boldsymbol{B}$ 的方向即 $Id\boldsymbol{l} \times \boldsymbol{r}$ 的方向（用右手螺旋定则确定），写成矢量形式为

$$d\boldsymbol{B} = \frac{\mu_0}{4\pi} \frac{Id\boldsymbol{l} \times \boldsymbol{r}}{r^3}$$

长度为 L 的载流导线在点 P 处的磁感应强度 $\boldsymbol{B}$ 为

$$\boldsymbol{B} = \int_L d\boldsymbol{B} = \int_L \frac{\mu_0}{4\pi} \frac{Id\boldsymbol{l} \times \boldsymbol{r}}{r^3}$$

三、毕奥–萨伐尔定律的应用

1. 解题步骤

（1）选取合适的坐标系，要根据电流的分布与磁场分布的特点来选取坐标系，其目的是使数学运算简单。

（2）根据所选择的坐标系，在载流导线上选取电流元 $Id\boldsymbol{l}$，按照毕奥–萨伐尔定律算出电流元产生的磁感应强度大小。

（3）判断每个电流元产生的磁感应强度是否同向：如果同向，则作标量求和积分运算；如果不同向，则需要将磁感应强度分解为 x、y、z 3 个方向上的分量，然后在 3 个方向上求和。

2. 不同题型的应用

（1）直接应用毕奥-萨伐尔定律。

①长直载流导线：$B = \dfrac{\mu_0 I}{4\pi a}(\cos\theta_1 - \cos\theta_2)$，方向判定方法为右手螺旋定则。

②圆形载流导线轴线上：$B = \dfrac{\mu_0 I R^2}{2(R^2 + x^2)^{3/2}}$，方向判定方法为右手螺旋定则。特别地，在圆心处，即 $x = 0$ 时，$B = \dfrac{\mu_0 I}{2R}$。

（2）间接应用毕奥 – 萨伐尔定律。

（3）组合型（利用已知特殊形状载流导线磁感应强度的公式）。

（4）安培环路定理（具体内容见本书 7.6 节中的内容）。

（5）运动电荷的磁场（等效圆电流法）。

四、运动电荷的磁场

一个电荷量为 q、速度为 v 的运动电荷，在距其矢径为 r 处产生的磁感应强度为 $B_q = \dfrac{\mu_0}{4\pi}\dfrac{qv \times r}{r^3}$，$B$ 的方向垂直于 v 与 r 所确定的平面：当 $q > 0$（正电荷）时，B 的方向与 $v \times r$ 的方向相同；当 $q < 0$（负电荷）时，B 的方向与 $v \times r$ 的方向相反。

等效圆电流法采用圆电流产生的磁场公式，其中由电荷圆周运动形成的电流相当于一个平面圆形载流导线，其磁感应强度的方向与电流方向满足右手螺旋定则。根据平面圆形载流导线在其中心产生 B 的大小公式，可求出 B 的大小，于是有

$$I = \frac{q}{T} = q\frac{\omega}{2\pi}$$

$$B = \frac{\mu_0 I}{2R} = \frac{\mu_0 q\omega}{4\pi R}$$

例题精解

例题 7-1 设有一段直载流导线，电流为 I，点 P 到导线的距离为 a，求点 P 的 B。

解 如图 7-1 所示，在导线 CD 上距点 O 为 l 处取电流元 Idl，Idl 在点 P 产生的 dB 的大小为

$$dB = \frac{\mu_0}{4\pi}\frac{Idl\sin\theta}{r^2}$$

dB 的方向垂直于纸面向内（$Idl \times r$ 方向）。同样可知，导线 CD 上所有电流元在点 P 产生的 dB 方向均相同，所以点 P 处 B 的大小为

图 7-1　例题 7-1 图

$$B = \int dB = \int_{CD} \frac{\mu_0}{4\pi} \frac{Idl\sin\theta}{r^2}$$

统一变量后，由图 7-1 可得

$$r = \frac{a}{\sin(\pi-\theta)} = \frac{a}{\sin\theta}, \quad l = a\cot(\pi-\theta) = -a\cot\theta$$

$$dl = -a \cdot (-\csc^2\theta)d\theta = a\csc^2\theta d\theta = \frac{a}{\sin^2\theta}d\theta$$

于是有

$$B = \int_{\theta_1}^{\theta_2} \frac{\mu_0}{4\pi} \frac{I\dfrac{a}{\sin^2\theta}d\theta \cdot \sin\theta}{\dfrac{a^2}{\sin^2\theta}} = \frac{\mu_0 I}{4\pi a} \int_{\theta_1}^{\theta_2} \sin\theta d\theta$$

$$= \frac{\mu_0 I}{4\pi a}(\cos\theta_1 - \cos\theta_2)$$

B 的方向垂直于纸面向内。

• **讨论**

(1) 对于无限长直导线，$\theta_1 = 0$，$\theta_2 = \pi$，$B = \dfrac{\mu_0 I}{2\pi a}$，$B$ 的方向垂直于纸面向内。

(2) 对于半无限长直导线，$\theta_1 = \dfrac{\pi}{2}$，$\theta_2 = \pi$，$B = \dfrac{\mu_0 I}{4\pi a}$，$B$ 的方向垂直于纸面向内。

• **强调**

(1) 要记住 $B = \dfrac{\mu_0 I}{4\pi a}(\cos\theta_1 - \cos\theta_2)$，做题时，关键在于找出 a、θ_1、θ_2。

(2) θ_1、θ_2 是电流方向与点 P 和点 C、D 连线间的夹角。

例题 7-2　设在真空中有一半径为 R、电流为 I 的细导线圆环，求其轴线上距圆心 O 为 x 的点 P 的磁感应强度（圆形载流导线轴线上的磁场）。

解　建立坐标系，如图 7-2 所示，任取电流元 Idl，由毕奥－萨伐尔定律得

$$dB = \frac{\mu_0}{4\pi} \frac{Idl\sin 90°}{r^2}$$

$$= \frac{\mu_0}{4\pi} \frac{Idl}{r^2}$$

方向如图 7-2 所示。

$dB \perp (r, Idl)$，所有 dB 形成锥面。

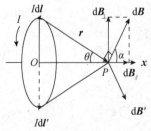

图 7-2　例题 7-2 图

将 d$\boldsymbol{B}$ 进行正交分解，即 d$\boldsymbol{B}$ = d$\boldsymbol{B}_{//}$ + d$\boldsymbol{B}_{\perp}$，则由对称性分析得 $\boldsymbol{B}_{\perp}$ = $\int$d$\boldsymbol{B}_{\perp}$ = $\boldsymbol{0}$，所以有

$$B = B_{//} = \int \mathrm{d}B_{//} = \int \mathrm{d}B\sin\theta$$

因为

$$\sin\theta = \frac{R}{r}, \quad r = 常量$$

所以

$$B = \frac{\mu_0 IR}{4\pi r^3}\int_0^{2\pi R}\mathrm{d}l = \frac{\mu_0 IR^2}{2r^3}$$

又因为

$$r^2 = x^2 + R^2$$

所以

$$B = \frac{\mu_0 IR^2}{2r^3} = \frac{\mu_0 IR^2}{2\left(R^2 + x^2\right)^{3/2}}$$

$\boldsymbol{B}$ 的方向沿 x 轴正方向，与电流方向满足右手螺旋定则。

● 讨论

（1）圆心处的磁场：$x = 0$，$B = \dfrac{\mu_0 I}{2R}$。

（2）当 $x \gg R$，即点 P 远离圆环时，点 P 的磁感应强度为 $B = \dfrac{\mu_0 IR^2}{2x^3}$。

例题 7–3 如图 7–3 所示，长直导线折成120°，电流为 I，点 A 在一段直导线的延长线上，点 C 为120°角平分线上的一点，$AO = CO = r$，求点 A、C 处的 $\boldsymbol{B}$。

图 7–3 例题 7–3 图

解 任一点的 $\boldsymbol{B}$ 是由 PO 段导线和 OQ 段导线产生的磁感应强度 $\boldsymbol{B}_1$、$\boldsymbol{B}_2$ 的叠加，即 $\boldsymbol{B} = \boldsymbol{B}_1 + \boldsymbol{B}_2$。

（1）求点 A 处的 $\boldsymbol{B}_A$。

$$\boldsymbol{B}_A = \boldsymbol{B}_{1A} + \boldsymbol{B}_{2A}$$

因为点 A 在 OQ 的反向延长线上，所以 $\boldsymbol{B}_{2A} = \boldsymbol{0}$，即 $\boldsymbol{B}_A = \boldsymbol{B}_{1A}$。

故 $\boldsymbol{B}_A$ 的方向垂直于纸面向内，大小为 $B_A = B_{1A} = \dfrac{\mu_0 I}{4\pi a}(\cos\theta_1 - \cos\theta_2)$，其中有

$$\begin{cases} a = r\sin 60° = \dfrac{\sqrt{3}}{2} \\ \theta_1 = 0° \\ \theta_2 = \pi - \beta = 120° \end{cases}$$

于是得

$$B_A = \frac{\mu_0 I}{2\sqrt{3}\,\pi r}(\cos 0° - \cos 120°) = \frac{\sqrt{3}\mu_0 I}{4\pi r}$$

（2）求点 C 的 $\boldsymbol{B}_C$。由于 $\boldsymbol{B}_C = \boldsymbol{B}_{1C} + \boldsymbol{B}_{2C}$，由题可知，$\boldsymbol{B}_{1C} = \boldsymbol{B}_{2C}$（大小和方向均相同），则

$$\boldsymbol{B}_C = 2\boldsymbol{B}_{2C}$$

$\boldsymbol{B}_C$ 的方向垂直于纸面向外，大小为 $B_C = 2B_{1C} = 2 \cdot \dfrac{\mu_0 I}{4\pi a}(\cos\theta_1 - \cos\theta_2)$，其中有

$$\begin{cases} a = r\sin 60° = \dfrac{\sqrt{3}}{2} \\ \theta_1 = 0° \\ \theta_2 = \pi - \alpha = 120° \end{cases}$$

于是得

$$B_C = 2 \cdot \frac{\sqrt{3}\mu_0 I}{4\pi r} = \frac{\sqrt{3}\mu_0 I}{2\pi r}$$

例题 7-4　如图 7-4 所示，在纸面上有一闭合回路，它由半径为 R_1、R_2 的半圆导线及在直径上的两直导线组成，电流为 I。求圆心 O 处的 $\boldsymbol{B}_O$。

解　由磁场的叠加性可知，任一点的 $\boldsymbol{B}$ 是两半圆导线及直导线在该点产生的磁感应强度的矢量和。此题中，因为 O 在直导线延长线上，故直导线在 O 处产生的磁感应强度为 **0**。

小半圆导线在 O 处产生的磁感应强度大小为 $B_{O小} = \dfrac{1}{2}\dfrac{\mu_0 I}{2R_1}$（每单位长度的圆弧在 O 处产生的磁感应强度大小相同）；方向垂直于纸面向内。

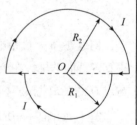

图 7-4　例题 7-4 图

大半圆导线在 O 处产生的磁感应强度大小为 $B_{O大} = \dfrac{1}{2}\dfrac{\mu_0 I}{2R_2}$；方向垂直于纸面向内。

于是得

$$B_O = B_{O小} + B_{O大} = \frac{\mu_0 I}{4}\left(\frac{1}{R_1} + \frac{1}{R_2}\right)$$

$\boldsymbol{B}_O$ 的方向垂直于纸面向内。

例题 7-5　如图 7-5 所示，设电荷量为 $+q$ 的粒子，以角速度 ω 做半径为 R 的匀速圆周运动，求在圆心 O 处产生的 $\boldsymbol{B}$。

解　用 $\boldsymbol{B} = \dfrac{\mu_0}{4\pi}\dfrac{q\boldsymbol{v} \times \boldsymbol{r}}{r^3}$（方法一）。

运动电荷产生的 $\boldsymbol{B} = \dfrac{\mu_0}{4\pi}\dfrac{q\boldsymbol{v}\times\boldsymbol{r}}{r^3}$，故 $\boldsymbol{B}$ 的大小为

$$B = \frac{\mu_0}{4\pi}\frac{qvr\sin\dfrac{\pi}{2}}{r^3}$$

又因 $r = R$，$v = R\omega$，故

$$B = \frac{\mu_0}{4\pi}\frac{q\omega}{R}$$

图 7-5　例题 7-5 图

$\boldsymbol{B}$ 的方向垂直于纸面向外。

用圆电流产生 $\boldsymbol{B}$ 的公式(方法二)。

由于电荷运动，因此形成电流。在此，$+q$ 形成的电流与 $+q$ 运动的轨迹(圆周)重合，且电流方向为逆时针方向，相当于一个平面圆形载流导线，于是可知 $\boldsymbol{B}$ 的方向垂直于纸面向外。根据平面圆形载流导线在其中心产生 $\boldsymbol{B}$ 的大小公式，可求出 $\boldsymbol{B}$ 的大小。

设粒子圆周运动的周期为 T，则有

$$I = \frac{q}{T} = q\frac{\omega}{2\pi}$$

于是得

$$B = \frac{\mu_0 I}{2R} = \frac{\mu_0 q\omega}{4\pi R}$$

例题 7-6　设带电刚性细杆 CD 位于纸面内，其电荷线密度为 λ，细杆绕通过点 O 且垂直于纸面的轴，在纸面内以角速度 ω 匀速转动(点 O 在细杆 CD 的反向延长线上)，点 C 与点 O 的距离为 a，杆 CD 长为 b，求点 O 的磁感应强度 $\boldsymbol{B}_O$。

解　如图 7-6 所示，在杆 CD 上距点 O 为 r 处取线元 $\mathrm{d}r$，其上电荷量为 $\mathrm{d}q = \lambda\mathrm{d}r$。该线元旋转对应的电流为

$$\mathrm{d}I = \frac{\omega}{2\pi}\mathrm{d}q = \frac{\lambda\omega}{2\pi}\mathrm{d}r$$

它在点 O 产生的磁感应强度大小为

$$\mathrm{d}B = \frac{\mu_0\mathrm{d}I}{2r} = \frac{\mu_0\lambda\omega}{4\pi}\cdot\frac{\mathrm{d}r}{r}$$

图 7-6　例题 7-6 图

则点 O 的磁感应强度大小为

$$B_O = \int\mathrm{d}B = \frac{\mu_0\omega\lambda}{4\pi}\int_a^{a+b}\frac{\mathrm{d}r}{r} = \frac{\mu_0\omega\lambda}{4\pi}\ln\frac{a+b}{a}$$

当 $\lambda > 0$ 时，$\boldsymbol{B}_O$ 的方向垂直于纸面向内。

授课章节	第七章　恒定磁场 7.5 磁通量　磁场的高斯定理；7.6 安培环路定理
目的要求	掌握磁通量的定义；掌握安培环路定理及其应用
重点难点	磁通量的计算；安培环路定理及其应用(3 种典型题)

主要内容

一、稳恒磁场的高斯定理

磁通量定义：通过某一面的磁力线数称为通过该面的磁通量，用 $\varPhi_m$ 表示。

磁通量的计算分为以下两种情况。

1. $\boldsymbol{B}$ 均匀且 S 为平面

(1) 平面 S 与 $\boldsymbol{B}$ 垂直，可得

$$\varPhi_m = BS$$

(2) 平面 S 的法向量与 $\boldsymbol{B}$ 成夹角 θ，如图 7-7(a) 所示，可得

$$\varPhi_m = BS_\perp = BS\cos\theta = \boldsymbol{B} \cdot \boldsymbol{S}$$

2. $\boldsymbol{B}$ 任意或 S 为曲面

(1) 对于非闭合曲面，在曲面上任选面元，如图 7-7(b) 所示，对穿过面元的磁通量求和，即

$$\varPhi_m = \int \mathrm{d}\varPhi_m = \int_S \boldsymbol{B} \cdot \mathrm{d}\boldsymbol{S}$$

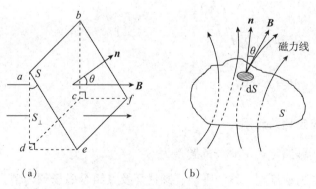

（a） （b）

图 7-7　磁通量的计算

(a)$\boldsymbol{B}$ 均匀且 S 为平面；(b)$\boldsymbol{B}$ 任意或 S 为曲面

(2) 对于闭合曲面，因为磁力线是闭合的，所以穿入闭合面和穿出闭合面的磁力线条数相等，故 $\varPhi_m = 0$，即

$$\oint_S \boldsymbol{B} \cdot \mathrm{d}\boldsymbol{S} = 0 \quad （磁场的高斯定理）$$

二、安培环路定理

安培环路定理的内容为：$\boldsymbol{B}$ 沿一个回路 l 的积分等于此回路内包围电流代数和的 μ_0 倍，即

$$\oint_l \boldsymbol{B} \cdot \mathrm{d}\boldsymbol{l} = \mu_0 \sum_i I_{i,\,内}$$

关于安培环路定理的说明如下。

（1）安培环路定理说明磁场是非保守场（涡旋场），不能引入势能的概念，且磁场的环流仅与 l 内电流有关，而与 l 外电流无关；$\boldsymbol{B}$ 是 l 内外所有电流产生的共同结果。

（2）闭合回路包围的电流是指穿过以闭合回路为边界的任一曲面的电流，该定理在电磁理论中很重要。

（3）电流正负的规定：若电流的流向与积分回路的绕向满足右手螺旋定则，电流取正值；反之，则取负值。

与运用高斯定理求电场强度一样，并不能由安培环路定理求出任何情况下的磁感应强度，能够计算出 $\boldsymbol{B}$ 的要求是磁场满足它的对称性，在具有一定对称性的条件下，适当选取积分回路，才能计算出 $\boldsymbol{B}$ 的值。

运用安培环路定理时的计算步骤如下：

（1）分析磁场的对称性；

（2）适当选取闭合回路（含方向）；

（3）求出 $\oint_l \boldsymbol{B} \cdot \mathrm{d}\boldsymbol{l}$ 和 $\mu_0 \sum_i I_{i,\,内}$；

（4）利用 $\oint_l \boldsymbol{B} \cdot \mathrm{d}\boldsymbol{l} = \mu_0 \sum_i I_{i,\,内}$，求出 $\boldsymbol{B}$。

三、安培环路定理的应用

能够运用安培环路定理求磁场的题型为：

（1）关于无限长载流直导线、平面、圆柱面及其组合磁场的题型；

（2）关于长直螺线管和螺绕环磁场的题型；

（3）关于无限大载流平面、厚板及其组合磁场的题型。

应用安培环路定理解题时，各题型载流体特点及安培环路类型如表 7-1 所示。

表 7-1　各题型载流体特点及安培环路类型

载流体特点		安培环路类型
轴对称	无限长载流直导线	过场点的同心圆环
	无限长载流圆柱面	
	无限长载流圆柱体	
螺线管	无限长直螺线管	平行于轴线的矩形，一条边在螺线管内，对边在螺线管外侧附近
	螺绕环	过场点的同心圆环
无限大载流平面	无限大载流平面	垂直放置的矩形，两条边与平面（厚板）垂直，两条边与平面（厚板）平行
	无限大载流厚板	

例题精解

例题 7-7　有一无限长均匀载流圆柱形直导体，半径为 R，通过导体的电流为 I 且均匀分布，求导体内外磁场分布。

解　由题意可知，由于导体无限长且电流均匀分布，故磁场是关于导体轴线对称的，磁力线是以此轴上点为圆心的一系列同心圆环，在某一个圆周上 $\boldsymbol{B}$ 的大小是相同的，方向与电流方向满足右手螺旋定则，如图 7-8(a) 所示。

(1) 导体外点 P 处 $(r > R)$ 的磁场分布。

以轴线上某点为圆心，以点 P 到轴线的距离 r_P 为半径作闭合圆环，圆环上磁感应强度方向与电流方向满足右手螺旋定则，磁感应强度沿该圆环回路积分得

$$\oint_l \boldsymbol{B} \cdot \mathrm{d}\boldsymbol{l} = B_P 2\pi r_P$$

由安培环路定理得

$$\oint_l \boldsymbol{B} \cdot \mathrm{d}\boldsymbol{l} = \mu_0 I$$

联立上面两式得 $B_P = \dfrac{\mu_0 I}{2\pi r_P}$。

(2) 导体内点 Q 处 $(r < R)$ 的磁场分布。

由安培环路定理得

$$\oint_l \boldsymbol{B} \cdot \mathrm{d}\boldsymbol{l} = B_Q 2\pi r_Q = \mu_0 \frac{I\pi r_Q^2}{\pi R^2}$$

即 $B_Q = \dfrac{\mu_0 I}{2\pi R^2} r_Q$。

在圆柱形载流导线内部，磁感应强度和离开轴线的距离 r 成正比。则导体内外磁场的分布如图 7-8(b) 所示。

（a）　　　　　（b）

图 7-8　例题 7-7 图

注意，当导体为均匀载流圆筒时，则筒内任一点的磁感应强度为零，但筒外磁场仍与例题 7-7 中导体外磁感应强度表达形式一致。

例题 7-8　电流 I 均匀地流过半径 R 的圆柱形长直导线，试计算单位长度导线内磁场通过如图 7-9 所示剖面的磁通量。

图 7-9　例题 7-8 图

解　根据安培环路定理，算得导线内部距轴线 r 处的磁感应强度为

$$B = \frac{\mu_0 I r}{2\pi R^2}$$

在剖面上磁感应强度分布不均匀，因此需由磁通量定义 $\varPhi = \int \boldsymbol{B} \cdot \mathrm{d}\boldsymbol{S}$ 来求解，沿轴线方向在剖面上取面元 $\mathrm{d}S = l\mathrm{d}r$，考虑到面元上各点的 $\boldsymbol{B}$ 相同，通过积分，可得单位长度导线内磁场通过剖面的磁通量为

$$\varPhi = \int \boldsymbol{B} \cdot \mathrm{d}\boldsymbol{S} = \int_0^R \frac{\mu_0 I r}{2\pi R^2} \mathrm{d}r = \frac{\mu_0 I}{4\pi}$$

例题 7-9　有一无限长直导线，通以电流 I，还有一个与之共面的直角三角形线圈 ABC，已知 AC 边长为 b，且与长直导线平行，BC 边长为 a，点 B 距直导线的距离为 d，求穿过线圈 ABC 的磁通量。

解　建立如图7−10所示的直角坐标系，导线 AB 的方程为

$$y = \frac{b}{a}x - \frac{b}{a}d$$

而任意时刻 $\triangle ABC$ 中的磁通量为

$$\Phi = \int_{d}^{d+a} \frac{\mu_0 I}{2\pi x} \cdot y \mathrm{d}x = \frac{\mu_0 I}{2\pi}\left(b - \frac{b}{a}d\ln\frac{d+a}{d}\right)$$

图 7−10　例题 7−9 图

例题 7 − 10　一导体组由无限多根平行密排的导线组成，已知单位长度上有 n 根导线，且每根导线都无限长，并载有电流 I，求空间任一点 P 处的磁感应强度（可等效为无限大均匀载流平面，电流线密度为 nI）。

解　利用磁场的叠加原理求 $\boldsymbol{B}$（方法一）。

因导线系平行密排，故取宽度为 $\mathrm{d}x$ 的窄条为积分元，积分元上流过电流 $\mathrm{d}I = I \cdot n\mathrm{d}x$，它在点 P 的磁感应强度大小为 $\mathrm{d}B = \dfrac{\mu_0 \mathrm{d}I}{2\pi r} = \dfrac{\mu_0 nI \mathrm{d}x}{2\pi r}$，$\mathrm{d}\boldsymbol{B}$ 的方向如图7−11所示，$\mathrm{d}\boldsymbol{B}$ 在平行于导体组平面上的分量为

$$\mathrm{d}B_{/\!/} = \mathrm{d}B\cos\theta = \frac{\mu_0 nI \mathrm{d}x}{2\pi r}\cos\theta$$

图 7−11　例题 7−10 图（方法一）

在垂直于导体组平面上的分量为

$$\mathrm{d}B_{\perp} = \mathrm{d}B\sin\theta = \frac{\mu_0 nI \mathrm{d}x}{2\pi r}\sin\theta$$

由几何关系可知，$r\cos\theta = D$，$D\tan\theta = x$，于是 $\mathrm{d}x = D\sec^2\theta\mathrm{d}\theta$。将这些关系代入上面两式，并积分得

$$B_{/\!/} = \int \mathrm{d}B_{/\!/} = \frac{\mu_0 nI}{2\pi}\int_{-\pi/2}^{\pi/2}\mathrm{d}\theta = \frac{\mu_0 nI}{2}$$

$$B_{\perp} = \int \mathrm{d}B_{\perp} = \frac{\mu_0 nI}{2\pi}\int_{-\pi/2}^{\pi/2}\tan\theta\mathrm{d}\theta = 0$$

故

$$B = B_{/\!/} = \frac{1}{2}\mu_0 nI$$

如点 P 在导体组上方，则 $\boldsymbol{B}$ 的方向水平向左；如点 P 在导体组下方，则 $\boldsymbol{B}$ 的方向水平向右。两种情况下 $\boldsymbol{B}$ 的方向都与电流方向垂直。

利用安培环路定理求 $\boldsymbol{B}$（方法二）。

根据无限长载流直导线的磁场分布和磁场的叠加原理，可知平行密排的无限长载流直导体激发匀强磁场（又称均匀磁场），磁力线平行于导体组平面。

取如图 7-12 所示的矩形环路 $abcda$，则磁感应强度沿该矩形环路的环流为

$$\oint_l \boldsymbol{B} \cdot \mathrm{d}\boldsymbol{l} = \int_{ab} \boldsymbol{B} \cdot \mathrm{d}\boldsymbol{l} + \int_{bc} \boldsymbol{B} \cdot \mathrm{d}\boldsymbol{l} + \int_{cd} \boldsymbol{B} \cdot \mathrm{d}\boldsymbol{l} + \int_{da} \boldsymbol{B} \cdot \mathrm{d}\boldsymbol{l}$$

$$= B\,\overline{ab} + 0 + B\,\overline{cd} + 0 = 2Bl$$

图 7-12　例题 7-10 图（方法二）

环路内包围的电流为

$$\sum I = I \cdot nl$$

由安培环路定理得

$$2Bl = \mu_0 nIl$$

得点 P 处的磁感应强度大小为

$$B = \frac{1}{2}\mu_0 nI$$

以上两种方法的结果相同，方法二显然比方法一要简便得多。应注意，只有磁场分布具有某种对称性时，用安培环路定理求解磁场才是方便的。但是，能用安培环路定理求解磁场的情况并不多。

授课章节	第七章　恒定磁场 7.7 带电粒子在电场和磁场中的运动；7.8 载流导线在磁场中所受的力
目的要求	掌握洛伦兹力的物理意义；掌握磁场对载流导线的安培力；掌握磁力矩的定义和匀强磁场对闭合导线的作用；掌握载流线圈在磁场中受到的磁力矩
重点难点	洛伦兹力的大小和方向；安培定则的应用；磁矩的方向；磁力矩的计算

主要内容

一、电场和磁场对运动电荷的作用

（1）电荷在电场中所受的力为电场力，电场力与电荷运动与否无关，记为 $F = qE$。

（2）运动电荷在磁场中所受的力（通常称为洛伦兹力）为

$$f = Bqv\sin\theta$$

写成矢量形式为 $f = qv \times B$，上式中 θ 为 v 与 B 的夹角，方向由右手螺旋定则判定。

磁场对运动电荷的作用具有以下特点。

① 磁场只对运动电荷有作用力。

② 洛伦兹力与电荷正负有关，当 $q > 0$ 时，洛伦兹力的方向与 $v \times B$ 的方向相同；当 $q < 0$ 时，洛伦兹力的方向与 $v \times B$ 的方向相反。

③ 洛伦兹力不做功。

（3）应用举例：霍尔效应。

① 根据霍尔电压的方向和磁场方向，判定载流子的电性。

② 根据载流子的电性和磁场方向，判定霍尔电压的方向。

二、磁场对载流导线的作用

1. 安培定则

一根载流导线放在任意磁场中，在载流导线上取电流元 Idl，则此电流元受到磁场的作用力（称为安培力）为 $dF = Idl \times B$，写成标量形式为 $dF = IdlB\sin\theta$，其中 θ 为电流元 Idl 与磁感应强度 B 的夹角，安培力的方向由右手螺旋定则判定。

对于有限长载流导线，有

$$F = \int_l Idl \times B$$

2. 应用安培定则解题的流程

应用安培定则解题的流程如图 7-13 所示。

图 7-13　应用安培定则解题的流程

三、匀强磁场对载流平面线圈的作用

1. **磁矩**

磁矩是描述线圈物理性质的物理量。

线圈法线方向：按右手螺旋定则，四指绕向与电流方向相同，大拇指方向即为线圈法线方向，用 n 表示线圈的单位法向量。

线圈磁矩为

$$P_{\mathrm{m}} = IS = ISn$$

若有 N 匝线圈，则磁矩为

$$P_{\mathrm{m}} = NIS = NISn$$

2. **磁力矩**

匀强磁场中线圈受到的磁力矩为

$$M = P_{\mathrm{m}} \times B$$

其大小为

$$M = P_{\mathrm{m}} B \sin\theta$$

当 $\theta = \pi/2$ 时，线圈与 B 平行，磁力矩 $M_{\max} = P_{\mathrm{m}} B$；

当 $\theta = 0$ 时，线圈与 B 垂直，磁力矩 $M = 0$，线圈处于稳定平衡位置。

当 $\theta=\pi$ 时，线圈与 $\boldsymbol{B}$ 垂直，磁力矩 $M=0$，线圈处于不稳定平衡位置。

例题精解

例题 7-11 如图 7-14 所示，在 $B=0.01$ T 的匀强磁场中，电子以 10^4 m·s^{-1} 的速度在磁场中从点 A 运动，电子运动速度和磁感应强度 $\boldsymbol{B}$ 的夹角为30°，求电子的轨道半径和旋转频率。

图 7-14 例题 7-11 图

解 带电粒子在磁场中做螺旋运动，受到的洛伦兹力作为其螺旋圆周运动的向心力，即 $\boldsymbol{f}=q\boldsymbol{v}\times\boldsymbol{B}$，大小为 $f=Bqv\sin\theta$。根据牛顿第二定律，$f=Bqv_{\perp}=m\dfrac{v_{\perp}^2}{R}$，$v_{\perp}$ 为电子运动速度沿垂直于 $\boldsymbol{B}$ 方向上的分量，则电子在磁场中运动的轨道半径为 $R=\dfrac{mv_{\perp}}{eB}=\dfrac{mv\sin\theta}{eB}=2.84\times10^{-6}$ m，旋转频率为 $\dfrac{eB}{2\pi m}=2.79\times10^8$ Hz。

例题 7-12 已知地磁场在地面上空某处的磁感应强度 $B=0.4\times10^{-4}$ T，方向向北。若宇宙射线中有一速度为 5×10^7 m·s^{-1} 的质子垂直地面通过该处，求：

（1）洛伦兹力的方向；

（2）洛伦兹力的大小，并将其与该质子受到的万有引力进行比较。

图 7-15 例题 7-12 图

解 （1）由 $\boldsymbol{f}=q\boldsymbol{v}\times\boldsymbol{B}$ 可知，洛伦兹力 $\boldsymbol{f}$ 方向与 $\boldsymbol{v}\times\boldsymbol{B}$ 的方向相同，如图 7-15 所示。

（2）因为 $\boldsymbol{v}\perp\boldsymbol{B}$，故质子所受的洛伦兹力大小为

$$f=Bqv=3.2\times10^{-16}\text{ N}$$

地球表面质子所受的万有引力 $G=m_{\text{p}}g=1.64\times10^{-26}$ N，因而有 $f/G=1.95\times10^{10}$，即质子所受的洛伦兹力远大于万有引力。

例题 7-13 如图 7-16 所示，半径为 R、电流为 I 的半圆形载流导线（半圆环），放在匀强磁场中，磁感应强度为 $\boldsymbol{B}$，方向垂直于纸面向外，求半圆环受到的安培力。

解 如图 7-16 所示，建立坐标系，原点在圆心，电流元 $I\mathrm{d}\boldsymbol{l}$ 受到安培力，大小为 $\mathrm{d}F=I\mathrm{d}lB\sin\dfrac{\pi}{2}$，方向沿圆环半径向外。

图 7-16 例题 7-13 图

各处电流元受力方向不同（均沿各自半径向外），将安培力分解为

$$\mathrm{d}F_x=\mathrm{d}F\cos\theta=BIR\cos\theta\mathrm{d}\theta$$

$$dF_y = dF\sin\theta = BIR\sin\theta d\theta$$

则有

$$F = BIR\left(\int_0^\pi \cos\theta d\theta \boldsymbol{i} + \int_0^\pi \sin\theta d\theta \boldsymbol{j}\right) = 2BIR\boldsymbol{j}$$

结果表明：半圆形载流导线上所受的力与其两个端点相连的直导线所受到的力相等。由本题结果可推论出，在匀强磁场中，一个任意弯曲载流导线上所受的安培力等效于弯曲导线始、终两点间直导线通以等大电流时在同样磁场中所受安培力。

例题 7-14 设有两根平行的长直导线，分别通有电流 I_1 和 I_2，距离为 d，导线直径远小于 d，忽略形变，单位长度载流导线Ⅰ和Ⅱ所受的安培力。

解 单位长度载流导线Ⅱ在单位长度载流导线Ⅰ产生磁场中所受安培力为

$$F_2 = B_1 I_2 = \frac{\mu_0 I_1 I_2}{2\pi d}$$

同理，单位长度载流导线Ⅰ在单位长度载流导线Ⅱ产生磁场中所受安培力也等于这一数值，即

$$F_1 = B_2 I_1 = \frac{\mu_0 I_1 I_2}{2\pi d}$$

单位长度载流导线受力方向如图 7-17 所示，两单位长度载流导线相互吸引，不难看出若两单位长度载流导线电流方向相反，则相互排斥。

在国际单位制中把安培(A)定义为基本单位。真空中相距 1 m 的两无限长而圆截面可忽略的平行直导线内载有相同电流时，若两导线之间产生的力在每米长度上等于 2×10^{-7} N，则导线中的电流定义为 1 A。

图 7-17 例题 7-14 图

例题 7-15 一正方形线圈由外皮绝缘的细导线绕成，共绕有 200 匝，正方形边长为 150 mm，放在 $B = 4.0$ T 的强外磁场中，当导线中通有 $I = 8.0$ A 的电流时，求：

(1) 线圈磁矩 $\boldsymbol{P}_m$ 的大小；

(2) 作用在线圈上的磁力矩的最大值。

解 (1) 按照磁矩的定义，此线圈的磁矩大小为

$$P_m = NIS = 200 \times 8.0 \text{ A} \times (150 \times 10^{-3} \text{ m})^2 = 36 \text{ A} \cdot \text{m}^2$$

(2) 当线圈平面的法线与磁感应强度方向垂直时，线圈所受的磁力矩最大，故线圈所受最大磁力矩为

$$M_{max} = |\boldsymbol{P}_m \times \boldsymbol{B}| = P_m B = 36 \text{ A} \cdot \text{m}^2 \times 4.0 \text{ T} = 144 \text{ N} \cdot \text{m}$$

例题 7-16 如图 7-18 所示，半径为 0.20 m、电流为 20 A 的圆形载流线圈，放在匀强磁场中，磁感应强度 $\boldsymbol{B}$ 大小为 0.08 T，方向沿 x 轴正方向，线圈受力情况如何？

图 7-18 例题 7-16 图

解　把线圈分为两部分，即 abc 和 cda，由前面例题可知，半圆 abc 所受的力为

$$F_1 = BI(2R) = 2RBI$$

$$= 2 \times 0.20 \times 0.08 \times 20$$

$$= 0.64 \text{ N}$$

方向垂直于纸面向内。

同理，可以计算出作用在 cda 上的力为

$$F_2 = 0.64 \text{ N}$$

方向垂直于纸面向外，则两者的合力为零。

下面来计算磁力矩。线圈在磁力矩的作用下绕 y 轴转动，由定义可知，作用在电流元 Idl 上的磁力矩 dM 大小为

$$dM = Idl \cdot Bd\sin\theta$$

式中，$d = R\sin\theta$；$dl = Rd\theta$。因而 $dM = IRd\theta \cdot BR\sin\theta\sin\theta = IR^2B\sin^2\theta d\theta$。

于是作用在整个线圈上的磁力矩 M 的大小为

$$M = \int_0^{2\pi} IR^2B\sin^2\theta d\theta = IB\pi R^2$$

磁力矩 M 的方向沿 y 轴正方向，用磁矩表示：由于 $P_m = ISk = I\pi R^2k$，又因为 $B = Bi$，所以 $M = P_m \times B = IB\pi R^2 j$。

授课章节	第七章 恒定磁场 7.9 磁场中的磁介质
目的要求	了解磁介质的分类及磁化机理；掌握有磁介质时的安培环路定理；掌握磁场强度
重点难点	有磁介质时的安培环路定理的应用

主要内容

一、磁介质

1. 磁介质

在磁场的作用下，能发生变化，并能反过来影响原磁场的物质称为磁介质。

2. 磁介质的磁化

磁介质在磁场的作用下所发生的变化，称为磁介质的磁化，其结果是产生了附加磁场。若真空中某点的磁感应强度为 B_0，磁介质磁化而产生的附加磁感应强度为 B'，磁介质中磁感应强度为 B，则 $B = B_0 + B'$，B 的方向随磁介质的不同而不同。

3. 磁介质的分类

（1）顺磁质：B' 与 B_0 同向，$B > B_0$，如氧、铝、钨、铂、铬等。

（2）抗磁质：B' 与 B_0 反向，$B < B_0$，如氮、水、铜、银、金、铋等。

（3）铁磁质：B' 与 B_0 同向，$B \gg B_0$，如铁、钴、镍及其合金、铁氧体等。

二、有磁介质时的安培环路定理

1. 定理内容

定理内容为：磁场强度沿任何闭合回路的线积分等于通过该回路所包围的电流代数和。

即 $\oint_l \boldsymbol{H} \cdot \mathrm{d}\boldsymbol{l} = \sum I_{i,c}$，式中 $\sum I_{i,c}$ 为传导电流的代数和。

2. 磁场强度

磁场强度 $H = \dfrac{\boldsymbol{B}}{\mu_0 \mu_r}$，磁场强度 H 是表示磁场强弱与方向的物理量，是一个辅助量。

引进辅助量 H 的物理意义有两点：磁场强度 H 的环流为 $\oint_l \boldsymbol{H} \cdot \mathrm{d}\boldsymbol{l} = \sum I_{i,c}$（与磁介质无关）；而磁感应强度 B 的环流为 $\oint_l \boldsymbol{B} \cdot \mathrm{d}\boldsymbol{l} = \mu_0 \mu_r \sum I_{i,c}$（与磁介质有关）。

3. 应用

计算有磁介质存在时的磁感应强度 B，可以求出磁场强度 H 后，再由 H 求磁感应强度 B；只有在电流分布有一定对称性时，才能方便地由安培环路定理求出磁感应强度。

例题精解

　　例题 7-17　螺绕环的中心周长为 10 cm，其上均匀密绕有 200 匝线圈，线圈中通过的电流为 0.1 A，环内充满相对磁导率为 4 200 的磁介质，求：

　　(1) 螺绕环内部的磁场强度 H 和磁感应强度 B 的大小；

　　(2) 传导电流和磁化电流分别在螺绕环内产生的磁感应强度。

图 7-19　例题 7-17 图

　　解　(1) 由于磁场呈轴对称分布，故在螺绕环的中心轴线上各场点的磁场强度大小相等，方向沿轴线的切向(见图 7-19)。以螺绕环中心轴线为回路，应用安培环路定理，有

$$\oint_l \boldsymbol{H} \cdot \mathrm{d}\boldsymbol{l} = H 2\pi r_{平均} = \sum I_{i,\,c} = NI$$

式中，$2\pi r_{平均} = l_{平均}$，为螺绕环的中心周长。故螺绕环内部的磁场强度大小为

$$H = \frac{NI}{2\pi r_{平均}} = \frac{200 \times 0.1\ \mathrm{A}}{10 \times 10^{-2}\ \mathrm{m}} = 200\ \mathrm{A/m}$$

而由 B 与 H 的关系，得环内磁感应强度大小为

$$B = \mu_0 \mu_r H = 4\pi \times 10^{-7}\ \mathrm{T \cdot m \cdot A^{-1}} \times 4\ 200 \times 200\ \mathrm{A/m} = 1.05\ \mathrm{T}$$

　　(2) 介质沿环向磁化，磁化电流的分布也相当于均匀密绕在环上的通电线圈，(1) 中所计算的磁场为传导电流和磁化电流二者的磁场叠加而成，即 $\boldsymbol{B} = \boldsymbol{B}_0 + \boldsymbol{B}'$。由真空中的安培环路定理，得传导电流产生的磁感应强度为

$$B_0 = \frac{\mu_0 NI}{l_{平均}} = \frac{4\pi \times 10^{-7}\ \mathrm{T \cdot m \cdot A^{-1}} \times 200 \times 0.1\ \mathrm{A}}{10 \times 10^{-2}\ \mathrm{m}} = 2.5 \times 10^{-4}\ \mathrm{T}$$

而由于 $\mu_r \gg 1$，$\boldsymbol{B}'$ 与 $\boldsymbol{B}_0$ 同向，故磁化电流产生的磁感应强度大小为

$$B' = B - B_0 \approx B = 1.05\ \mathrm{T}$$

授课章节	第八章 电磁感应 电磁场 8.1 电磁感应定律
目的要求	掌握法拉第电磁感应定律的物理意义，能熟练地应用法拉第电磁感应定律计算感应电动势
重点难点	法拉第电磁感应定律及其应用

主要内容

一、电源及其电动势

（1）电源：能够提供非静电力维持电势差的装置。

（2）电源电动势：把单位正电荷从负极经电源内部移到正极时，电源中非静电力所做的功，即

$$\varepsilon = \int_{-}^{+} \boldsymbol{E}_k \cdot \mathrm{d}\boldsymbol{l}$$

式中，ε 为电源电动势，其为标量，规定自负极经电源内部到正极的方向为电动势的正方向；$\boldsymbol{E}_k$ 为非静电场的电场强度。因为电源外部非静电场的电场强度为 0，所以电源电动势又可定义为：把单位正电荷沿闭合回路移动一周时，电源中非静电力做的功，即

$$\varepsilon = \oint_L \boldsymbol{E}_k \cdot \mathrm{d}\boldsymbol{l}$$

二、法拉第电磁感应定律

法拉第电磁感应定律的公式为

$$\varepsilon_i = -\frac{\mathrm{d}\Phi_m}{\mathrm{d}t} \quad 或 \quad \varepsilon_i = -\frac{\mathrm{d}(N\Phi_m)}{\mathrm{d}t}$$

感应电动势 ε_i 方向的判断有两种方法：一种是使用楞次定律；另一种是首先根据磁场方向确定闭合回路所围曲面的法向和回路的正绕行方向（法向与正绕行方向满足右手螺旋定则）并计算出磁通量，当计算结果 $\varepsilon_i > 0$ 时，ε_i 方向与回路的正绕行方向相同，否则与回路的正绕行方向相反。

说明：

（1）ε_i 与 $\dfrac{\mathrm{d}\Phi_m}{\mathrm{d}t}$ 瞬时对应，ε_i 的大小只与磁通量的变化率成正比；

（2）$\varepsilon_i = 0$ 时，并非回路中每段导体中的电动势都为零；

（3）改变磁场、改变回路所包围的面积，或改变回路与磁场的位置关系，均可引起磁通量变化，产生感应电动势。

三、楞次定律

楞次定律：感应电流具有这样的方向，即感应电流的磁场总阻碍引起感应电流的磁

通量的变化。楞次定律主要研究引起感应电流的磁场，即原磁场和感应电流的磁场二者之间的关系。楞次定律并不是一个孤立的定律，它实际上是自然界中最普遍的能量守恒定律在电磁感应现象中的体现。

四、应用电磁感应定律计算感应电动势的一般步骤

（1）确定引起感应电动势的磁场分布和方向。

（2）计算磁通量。

（3）根据 $\varepsilon_i = -\dfrac{\mathrm{d}\Phi_m}{\mathrm{d}t}$ 求出感应电动势。

（4）判断感应电动势的方向。

例题精解

例题 8-1　设有矩形回路放在匀强磁场中，如图 8-1 所示，AB 边可以左右滑动，设其以匀速向右运动，求回路中的感应电动势。

解　取回路 L 顺时针绕行，$AB = l$，$AD = x$，则通过线圈的磁通量为

$$\Phi = \boldsymbol{B} \cdot \boldsymbol{S} = BS \cos 0° = BS = Blx$$

由法拉第电磁感应定律有

$$\varepsilon_i = -\frac{\mathrm{d}\Phi}{\mathrm{d}t} = -Bl\frac{\mathrm{d}x}{\mathrm{d}t}$$

$$= -Blv \left(v = \frac{\mathrm{d}x}{\mathrm{d}t} > 0\right)$$

图 8-1　例题 8-1 图

可知 ε_i 的方向与回路的绕行方向相反，即逆时针方向；由楞次定律也能得知，ε_i 的方向为逆时针方向。

● **讨论**

（1）如果回路为 N 匝，则 $\Phi = N\varphi$（φ 为单匝线圈磁通量）。

（2）设回路电阻为 R（视为常数），感应电流 $I_i = \dfrac{\varepsilon_i}{R} = -\dfrac{1}{R}\dfrac{\mathrm{d}\Phi}{\mathrm{d}t}$，在 $(t_1 - t_2)$ 时间内通过回路任一横截面的电荷量为

$$q = \int_{t_1}^{t_2} I_i \mathrm{d}t = \int_{t_1}^{t_2} -\frac{1}{R}\frac{\mathrm{d}\Phi}{\mathrm{d}t}\mathrm{d}t$$

$$= -\frac{1}{R}\int_{\Phi_1}^{\Phi_2}\mathrm{d}\Phi = -\frac{1}{R}(\Phi_2 - \Phi_1)$$

例题 8-2　如图 8-2 所示，平面线圈面积为 S，共 N 匝，在匀强磁场中绕轴 OO' 以角速度 ω 匀速转动，轴 OO' 与 $\boldsymbol{B}$ 垂直，$t = 0$ 时，线圈平面单位法向量 $\boldsymbol{n}$ 与 $\boldsymbol{B}$ 同向，求线圈中电动势；若线圈电阻为 R，求感应电流。

解　（1）设 t 时刻，$\boldsymbol{n}$ 与 $\boldsymbol{B}$ 夹角为 θ，此时线圈磁通量为

图 8-2　例题 8-2 图

$$\Phi = N(\boldsymbol{B} \cdot \boldsymbol{S}) = NBS\cos\theta = NBS\cos\omega t$$

由法拉第电磁感应定律可知感应电动势为

$$\varepsilon_i = -\frac{d\Phi}{dt} = NBS\omega\sin\omega t = \varepsilon_{i0}\sin\omega t$$

$$(\varepsilon_{i0} = NBS\omega = \varepsilon_{imax})$$

（2）感应电流为

$$I_i = \frac{\varepsilon_i}{R} = \frac{\varepsilon_{i0}}{R}\sin\omega t = I_0\sin\omega t$$

例题 8-3 设真空中在长直载流导线附近放置一个 N 匝的矩形线圈，线圈与导线共面。设导线中通有交流电 $I = I_0\sin\omega t$，其中 I_0、ω 是正值常量，当 $I > 0$ 时，方向如图 8-3 所示，求矩形线圈中的感应电动势。

解 建立坐标系如图 8-3 所示，选择计算回路的方向为顺时针方向。设时刻 t 的电流方向如图 8-3 所示，则长直载流导线在任意坐标 x 处产生的磁感应强度的大小为

$$B = \frac{\mu_0 I}{2\pi x}$$

因为磁场方向垂直于纸面向内，可取矩形线圈的法向也为垂直于纸面向内（计算得磁通量为正值），根据右手定则，此时顺时针方向即为回路正绕行方向。

图 8-3 例题 8-3 图

回路矩形线圈上坐标 x 位置附近宽度为 dx 的面元的磁通量为

$$d\Phi = BdS = \frac{\mu_0 Ib}{2\pi x}dx$$

单匝线圈的磁通量为

$$\Phi = \int_d^{d+a}\frac{\mu_0 I_0 b\sin\omega t}{2\pi x}dx = \frac{\mu_0 I_0 b\sin\omega t}{2\pi}\ln\frac{d+a}{d}$$

N 匝线圈的磁链为

$$\Psi = N\Phi = \frac{N\mu_0 I_0 b\sin\omega t}{2\pi}\ln\frac{d+a}{d}$$

由法拉第电磁感应定律，线圈中感应电动势为

$$\varepsilon_i = -\frac{d\Psi}{dt} = -\frac{N\mu_0 I_0 b\omega\cos\omega t}{2\pi}\ln\frac{d+a}{d}$$

ε_i 随时间 t 呈余弦变化，若 $\cos\omega t < 0$，则 $\varepsilon_i > 0$，说明此时电动势方向与所设方向相同，即顺时针方向；若 $\cos\omega t > 0$，则 $\varepsilon_i < 0$，说明此时电动势方向与所设方向相反，即逆时针方向。因而，交变电流的磁场在线圈中激发的感应电动势也是交变的。

授课章节	第八章　电磁感应　电磁场 8.2 动生电动势和感生电动势
目的要求	掌握动生电动势计算公式，能计算几何形状简单的导体在匀强磁场或空间分布简单的非匀强磁场中运动时所产生的动生电动势；掌握感生电场的概念，会判断其方向，能用感生电场的环流计算简单形状导体中的感生电动势
重点难点	动生电动势的计算

主要内容

一、动生电动势

导体在稳恒(但不一定均匀)磁场中运动时所产生的感应电动势称为动生电动势(在直角坐标系中，坐标轴正方向即为设定的电动势方向或者说 $a \rightarrow b$ 的方向与坐标轴正方向同向，a、b 为导体的两端)，其计算式为 $\varepsilon_\mathrm{i} = \int_a^b (\boldsymbol{v} \times \boldsymbol{B}) \cdot \mathrm{d}\boldsymbol{l}$。

说明：

(1) 计算时，要注意公式中的两个角度，即 $\boldsymbol{v}$ 与 $\boldsymbol{B}$ 之间的夹角和 $\boldsymbol{v} \times \boldsymbol{B}$ 与 $\mathrm{d}\boldsymbol{l}$ 的夹角；

(2) $\varepsilon_\mathrm{i} > 0$ 表明动生电动势方向与设定方向一致，否则相反；

(3) 使用时可在积分中不标上、下限，积分结果一律取正值即是动生电动势的大小，其方向可由 $\boldsymbol{v} \times \boldsymbol{B}$ 判断。

二、感生电动势和感生电场

当穿过静止回路的磁场(多为限制于圆筒内的匀强磁场)随时间变化时，产生的感应电动势称为感生电动势，方向一般可用楞次定律判断。

封闭在半径为 R 的圆筒空间内的匀强磁场，若 $\dfrac{\mathrm{d}B}{\mathrm{d}t} \neq 0$，则产生的感生电场的电场强度大小具体如下：

$r < R$ 时，$E_\mathrm{i} = \dfrac{r}{2} \dfrac{\mathrm{d}B}{\mathrm{d}t}$；

$r > R$ 时，$E_\mathrm{i} = \dfrac{R^2}{2} \dfrac{\mathrm{d}B}{\mathrm{d}t}$。

从上面可以看出，磁场只在圆柱体内变化，但在整个空间都产生感生电场，由于其电场线是闭合状的，所以这个感生电场也叫涡旋电场。

感生电场的电场强度的环流即感生电动势，具体表达式为

$$\varepsilon_\mathrm{i} = \oint_l \boldsymbol{E}_\mathrm{i} \cdot \mathrm{d}\boldsymbol{l} = -\iint_s \frac{\mathrm{d}\boldsymbol{B}}{\mathrm{d}t} \cdot \mathrm{d}\boldsymbol{S}$$

感生电场的电场强度 $\boldsymbol{E}_\mathrm{i}$ 的方向与 $-\mathrm{d}\boldsymbol{B}/\mathrm{d}t$ 的方向成右手螺旋关系。

例题精解

例题 8-4 如图 8-4(a) 所示，长直导线内通有电流 I，与其相距 r_0 处有一直角三角形线圈 CDE，已知 $DE = a$，$EC = b$。设线圈以速度 v 向右运动，试求线圈内的感应电动势。

解 由动生电动势公式来计算(方法一)。

因线圈回路是三角形，所以先求出各边的动生电动势，再计算整个线圈的动生电动势。

对 CE 边来说，因 $\boldsymbol{B}$、$\boldsymbol{v}$、$\boldsymbol{l}$ 三者互相垂直，CE 边上各点的磁感应强度相等，所以 CE 边的动生电动势大小为

$$\varepsilon_{CE} = Blv = \frac{\mu_0 I}{2\pi r_0} bv$$

方向由 E 指向 C。

因为 ED 边不切割磁力线，所以 $\varepsilon_{ED} = 0$。

对 DC 边来说，导线上各点的磁感应强度不等，且 $\boldsymbol{v}$ 和 $\boldsymbol{l}$ 不垂直，如图 8-4(b) 所示，在 DC 边上任取 $\mathrm{d}l$，其动生电动势为

$$\mathrm{d}\varepsilon = (\boldsymbol{v} \times \boldsymbol{B}) \cdot \mathrm{d}\boldsymbol{l} = \left(vB\sin\frac{\pi}{2}\right)\cos\alpha\,\mathrm{d}l = vB\cos\left(\frac{\pi}{2} + \theta\right)\mathrm{d}l = -Bv\sin\theta\,\mathrm{d}l$$

DC 边上的动生电动势为

$$\varepsilon_{DC} = \int\mathrm{d}\varepsilon = -\int Bv\sin\theta\,\mathrm{d}l$$

$$= -\int\frac{\mu_0 I}{2\pi r}v\sin\theta\,\mathrm{d}l = -\int_0^{a/\cos\theta}\frac{\mu_0 Iv\sin\theta\,\mathrm{d}l}{2\pi(r_0 + l\cos\theta)} = -\frac{\mu_0 Ivb}{2\pi a}\ln\frac{r_0 + a}{r_0}$$

根据右手定则，易知 ε_{DC} 方向由 D 指向 C。

图 8-4　例题 8-4 图 (方法一)

三角形线圈的总动生电动势为

$$\varepsilon_{\mathrm{i}} = \varepsilon_{CE} + \varepsilon_{ED} + \varepsilon_{DC} = \frac{\mu_0 I}{2\pi r_0}bv - \frac{\mu_0 Ib}{2\pi a}v\ln\frac{r_0 + a}{r_0}$$

由法拉第定律来计算(方法二)。

先求磁通量,为此把三角形回路划分为许多平行于长导线的窄条,任取面元 $\mathrm{d}S$(见图8-5),则

$$\mathrm{d}S = y\mathrm{d}r = (r_0 + a - r)\tan\theta\mathrm{d}r = (r_0 + a - r)\frac{b}{a}\mathrm{d}r$$

通过三角形回路的磁通量为

$$\Phi = \int B \cdot \mathrm{d}S = \int \frac{\mu_0 I}{2\pi r}(r_0 + a - r)\frac{b}{a}\mathrm{d}r$$

$$= \frac{\mu_0 Ib}{2\pi a}\int_{r_0}^{r_0+a}\left(\frac{r_0 + a}{r} - 1\right)\mathrm{d}r$$

$$= \frac{\mu_0 Ib}{2\pi a}\left[(r_0 + a)\ln\frac{r_0 + a}{r_0} - a\right]$$

图8-5　例题8-4图
(方法二)

再求磁通量的时间变化率,具体为

$$\varepsilon_\mathrm{i} = -\frac{\mathrm{d}\Phi}{\mathrm{d}t} = -\frac{\mathrm{d}\Phi}{\mathrm{d}r_0}\frac{\mathrm{d}r_0}{\mathrm{d}t}$$

$$= -\frac{\mu_0 Ib}{2\pi a}\left(\ln\frac{r_0 + a}{r_0} - \frac{a}{r_0}\right)v$$

电动势的方向由楞次定律判定。

例题8-5　如图8-6所示,长为 l 的细导体棒在匀强磁场中,绕过 A 处垂直于纸面的轴以角速度 ω 顺时针匀速转动,求棒 AC 产生的 ε_i。

解　用 $\varepsilon_\mathrm{i} = \int_A^C (v \times B) \cdot \mathrm{d}l$ 求解(方法一)。

$\mathrm{d}l$ 段(由 $A \to C$ 方向)产生的动生电动势为

$$\mathrm{d}\varepsilon_\mathrm{i} = vB\mathrm{d}l = \omega Bl\mathrm{d}l$$

棒 AC 产生的电动势为

$$\varepsilon_\mathrm{i} = \int \mathrm{d}\varepsilon_\mathrm{i} = \int_A^C (v \times B) \cdot \mathrm{d}l = \int_0^l \omega Bl\mathrm{d}l = \frac{1}{2}\omega Bl^2 > 0$$

即点 C 比点 A 电势高。

图8-6　例题8-5图

用 $\varepsilon_\mathrm{i} = -\frac{\mathrm{d}\Phi}{\mathrm{d}t}$ 求解(方法二)。

设 $t = 0$ 时,棒位于 AC' 位置,t 时刻转到实线位置,取 $AC'CA$ 为绕行方向($AC'CA$ 视为回路),则通过此回路所围面积的磁通量为

$$\Phi = BS\cos 0° = B\frac{1}{2}\omega tl^2$$

于是得

$$\varepsilon_i = -\frac{\mathrm{d}\Phi}{\mathrm{d}t} = -\frac{1}{2}\omega Bl^2$$

因为 $\varepsilon_i < 0$，所以 ε_i 沿回路反方向。

回路中只有 AC 段产生电动势，AC 段电动势值为

$$\varepsilon_i = \frac{1}{2}\omega Bl^2$$

ε_i 方向由 A 指向 C。

例题 8-6 如图 8-7 所示，匀强磁场被限制在半径为 R 的圆筒内且与筒轴平行，磁场在变强。回路 $abcda$ 中 ad、bc 均在半径方向上，ab、dc 均为圆弧，半径分别为 r、r'，θ 已知，求该回路的感生电动势。

图 8-7 例题 8-6 图

解 根据磁场分布的对称性可知，变化磁场产生的涡旋电场的电场线是一系列同心圆，圆心为 O。

用 $\varepsilon_i = \oint_l \boldsymbol{E} \cdot \mathrm{d}\boldsymbol{l}$ 求解（方法一）。

取 $abcda$ 为绕行方向，有

$$\varepsilon_i = \oint_l \boldsymbol{E}_k \cdot \mathrm{d}\boldsymbol{l} = \int_{ab} \boldsymbol{E}_k \cdot \mathrm{d}\boldsymbol{l} + \int_{bc} \boldsymbol{E}_k \cdot \mathrm{d}\boldsymbol{l} + \int_{cd} \boldsymbol{E}_k \cdot \mathrm{d}\boldsymbol{l} + \int_{da} \boldsymbol{E}_k \cdot \mathrm{d}\boldsymbol{l}$$

因感生电场的方向与 bc 和 ad 处处垂直，故

$$\int_{bc} \boldsymbol{E}_k \cdot \mathrm{d}\boldsymbol{l} = \int_{da} \boldsymbol{E}_k \cdot \mathrm{d}\boldsymbol{l} = 0$$

则

$$\varepsilon_i = \int_{ab} \boldsymbol{E}_k \cdot \mathrm{d}\boldsymbol{l} + \int_{cd} \boldsymbol{E}_k \cdot \mathrm{d}\boldsymbol{l}$$

$$= \int_{(a)}^{(b)} \frac{1}{2} r \frac{\mathrm{d}B}{\mathrm{d}t} \mathrm{d}l - \int_{(c)}^{(d)} \frac{R^2}{2r'} \frac{\mathrm{d}B}{\mathrm{d}t} \cdot \mathrm{d}l = \frac{1}{2} r \frac{\mathrm{d}B}{\mathrm{d}t} \int_{(a)}^{(b)} \mathrm{d}l - \frac{R^2}{2r'} \frac{\mathrm{d}B}{\mathrm{d}t} \int_{(c)}^{(d)} \mathrm{d}l$$

$$= \frac{1}{2}\theta(r^2 - R^2)\frac{\mathrm{d}B}{\mathrm{d}t}$$

因为 $\varepsilon_i < 0$，所以 ε_i 为逆时针方向。

用 $\varepsilon_i = -\dfrac{\mathrm{d}\Phi}{\mathrm{d}t}$ 求解（方法二）。

通过回路 l 的磁通量等于阴影面积磁通量，则

$$\Phi = \boldsymbol{B} \cdot \boldsymbol{S} = B\left(\frac{1}{2}\theta R^2 - \frac{1}{2}\theta r^2\right)$$

$$\varepsilon_i = -\frac{\mathrm{d}\Phi}{\mathrm{d}t} = \frac{1}{2}\theta(r^2 - R^2)\frac{\mathrm{d}B}{\mathrm{d}t}$$

根据楞次定律可知，ε_i 为逆时针方向，在沿半径方向上不产生电动势。

例题 8-7　在电子感应加速器中，电子在轴对称的变化磁场作用下被加速。要保持电子的运行轨道半径一定，轨道环所在处的磁场 B 应该等于环所围绕的面积中 B 平均值的一半，请予以证明。

证　电子感应加速器中，感生电场与变化磁场有相同的对称轴，感生电场线是一系列圆心在对称轴上的圆周。由感生电场的规律和电子运动方程可证明此题。电子沿半径 R 一定的圆轨道运动时，感生电场使它沿切向加速，磁场提供向心力，则其运动方程如下。

在切向方向有

$$eE_{感生} = m_{电子}a_t = m_{电子}\frac{\mathrm{d}v}{\mathrm{d}t} \qquad ①$$

在法向方向有

$$evB = m_{电子}a_n = m_{电子}\frac{v^2}{R} \qquad ②$$

由 ② 式得 $v = \dfrac{eBR}{m_{电子}}$，对此式微分，在 R 一定时，有

$$\frac{\mathrm{d}v}{\mathrm{d}t} = \frac{eR}{m_{电子}}\frac{\mathrm{d}B}{\mathrm{d}t} \qquad ③$$

将 ③ 式代入 ① 式求得

$$E_{感生} = R\frac{\mathrm{d}B}{\mathrm{d}t} \qquad ④$$

式中，B 为电子运行轨道处的磁感应强度大小。

电子运行的轨道圆环即为加速器中感生电场的电场线，沿此轨道计算 $E_{感生}$ 的曲线积分，据电磁感应定律可得，磁场区域内半径 R 处感生电场强度大小为

$$E_{感生} = \frac{1}{2\pi R}\frac{\mathrm{d}\Phi}{\mathrm{d}t} = \frac{1}{2\pi R}\left(\frac{\mathrm{d}\bar{B}}{\mathrm{d}t}\pi R^2\right) = \frac{R}{2}\frac{\mathrm{d}\bar{B}}{\mathrm{d}t} \qquad ⑤$$

式中，$\bar{B}$ 为轨道包围面积内的平均磁感应强度。

比较 ④、⑤ 两式，得

$$\frac{\mathrm{d}B}{\mathrm{d}t} = \frac{1}{2}\frac{\mathrm{d}\bar{B}}{\mathrm{d}t}$$

由此可得 $B = \bar{B}/2$，命题得以证明。

授课章节	第八章　电磁感应　电磁场
	8.3 自感和互感
目的要求	理解自感、互感现象，能计算简单回路的自感系数和回路间的互感系数，以及对应电动势
重点难点	互感系数的计算

主要内容

自感与互感

1. 自感

自感电动势是变化电流在自身回路中引起磁通量变化而产生的感应电动势，其定义式为

$$\varepsilon_L = -L\frac{\mathrm{d}I}{\mathrm{d}t}$$

自感系数（简称自感）为

$$L = \frac{\mathrm{d}\Phi}{\mathrm{d}I} \quad 或 \quad L = \frac{\Phi}{I}（无铁磁性物质时）$$

自感系数只与回路本身的形状、大小及周围磁介质的磁导率有关，与电流无关。

2. 互感

互感电动势是变化电流在相邻的其他回路中引起磁通量变化而产生的感应电动势，其定义式为

$$\varepsilon_{21} = -M\frac{\mathrm{d}I_1}{\mathrm{d}t} \quad 或 \quad \varepsilon_{12} = -M\frac{\mathrm{d}I_2}{\mathrm{d}t}$$

互感系数（简称互感）为

$$M = \frac{\mathrm{d}\Phi_{21}}{\mathrm{d}I_1} = \frac{\mathrm{d}\Phi_{12}}{\mathrm{d}I_2} \quad 或 \quad M = \frac{\Phi_{21}}{I_1} = \frac{\Phi_{12}}{I_2}（无铁磁性物质时）$$

线圈之间的互感系数除与各个线圈的形状、大小及周围磁介质的磁导率有关外，还与各个线圈之间的相互位置有关。

3. 计算自感、互感系数

计算线圈的自感、互感系数的一般步骤如下：

（1）虽然自感和互感系数均与电流无关，但要先设出电流，以确定电流产生磁场的分布；

（2）根据磁场分布计算穿过单匝线圈的磁通量和多匝线圈的磁链；

（3）根据定义式求出自感或互感系数。

例题精解

例题 8-8　如图 8-8 所示，长直螺线管长为 l，横截面积为 S，共 N 匝，介质磁导率为 μ（均匀介质），求自感系数 L。

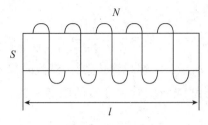

图 8-8　例题 8-8 图

解　设线圈电流为 I，通过单匝线圈的磁通量为

$$\Phi = BS = \mu n I S$$

则通过 N 匝线圈的磁链为

$$\Psi = N\Phi = N\mu n I S$$

由 $\Psi = LI$ 有

$$L = N\mu nS = \frac{N}{l}\mu n(lS) = \mu n^2 V \quad (V\text{ 为螺线管的体积})$$

说明：

（1）由于计算中忽略了边缘效应，所以计算值是近似的，实际测量值比它小些；

（2）L 只与线圈大小、形状、匝数、磁介质有关。

例题 8-9　如图 8-9 所示，同轴电缆半径分别为 a、b，电流从内筒端流入，经外筒端流出，筒间充满磁导率为 μ 的介质，电流为 I。求单位长度同轴电缆的自感系数。

解　由介质中安培环路定理可知，筒间距轴 r 处 H 的大小为

$$H = \frac{I}{2\pi r}$$

根据 B 与 H 的关系，得

$$B = \mu H = \frac{\mu I}{2\pi r}$$

图 8-9　例题 8-9 图

取长为 h 的一段电缆来考虑，穿过阴影面积的磁通量为（取 $\mathrm{d}S$ 的方向垂直于纸面向内）

$$\mathrm{d}\Phi = \boldsymbol{B}\cdot\mathrm{d}\boldsymbol{S} = B\mathrm{d}S = Bh\mathrm{d}r$$

于是有 $\Phi = \int\mathrm{d}\Phi = \int_a^b \dfrac{\mu Ih}{2\pi r}\mathrm{d}r = \dfrac{\mu Ih}{2\pi}\ln\dfrac{b}{a}$。

根据自感系数定义

$$L = \frac{\Phi}{I} = \frac{\mu h}{2\pi} \ln \frac{b}{a}$$

则单位长度电缆的自感系数为

$$L_0 = \frac{L}{h} = \frac{\mu}{2\pi} \ln \frac{b}{a}$$

例题 8-10　如图 8-10 所示，一螺线管长为 l，横截面积为 S，密绕 N_1 匝导线线圈，在其中部再绕 N_2 匝另一导线线圈。管内介质的磁导率为 μ，求这两个线圈的互感系数 M。

图 8-10　例题 8-10 图

解　设螺线管 N_1 匝导线线圈中电流为 I_1，它在中部产生磁场的磁感应强度 $\boldsymbol{B}_1$ 的大小为

$$B_1 = \mu \frac{N_1}{l} I_1$$

I_1 产生的磁场通过 N_2 匝导线线圈的磁链为

$$\Psi_{21} = N_2 \Phi_{21} = N_2 B_1 S = N_2 \mu \frac{N_1}{l} I_1 S$$

依互感定义 $M = \dfrac{\Psi_{21}}{I_1}$，有

$$M = \mu \frac{N_1 N_2}{l} S$$

例题 8-11　两圆形线圈同心共面，半径依次为 R_1、R_2，$R_1 \gg R_2$，匝数分别为 N_1、N_2，求互感系数。

解　设大线圈（半径 R_1）中通有电流 I_1，在其中心处产生磁场的磁感应强度 $\boldsymbol{B}_1$ 的大小为

$$B_1 = \frac{\mu_0 I_1 N_1}{2 R_1}$$

因为 $R_1 \gg R_2$，所以小线圈（半径 R_2）可视为处于匀强磁场中，通过小线圈的磁链为

$$\Psi_{21} = N_2 \Phi_{21} = N_2 B_1 S_2 = N_2 \frac{\mu_0 I_1 N_1}{2 R_1} \pi R_2^2$$

由 $M = \dfrac{\Psi_{21}}{I_1}$，有

$$M = \frac{\mu_0 N_1 N_2}{2R_1}\pi R_2^2$$

授课章节	第八章　电磁感应　电磁场 8.5 磁场的能量　磁场能量密度
目的要求	理解磁场能量和磁场能量密度的概念，能计算有规律分布的非匀强磁场的能量
重点难点	磁场能量

主要内容

线圈磁场的能量为：$W_m = \dfrac{1}{2}LI^2$。

磁场能量密度为：$w_m = \dfrac{1}{2}\boldsymbol{B} \cdot \boldsymbol{H} = \dfrac{1}{2}BH$。

非匀强磁场的能量为：$W_m = \displaystyle\int_V w_m \mathrm{d}V$。

例题精解

例题 8-12　如图 8-11 所示，同轴电缆的半径分别为 a、b，电流从内筒端流入，经外筒端流出，筒间充满磁导率为 μ 的介质，电流为 I。求单位长度同轴电缆的自感系数（用磁场能量方法解）。

解　由安培环路定律可得

$$B = \begin{cases} 0 & 0 < r \leqslant a \\[2mm] \dfrac{\mu I}{2\pi r} & a < r < b \\[2mm] 0 & r \geqslant b \end{cases}$$

因此除两筒间外，其他地方无磁场能量。在筒间距轴线为 r 处的磁场能量密度 w_m 为

$$w_m = \frac{1}{2\mu}B^2 = \frac{\mu I^2}{8\pi^2 r^2}$$

图 8-11　例题 8-12 图

在半径为 r 处，宽为 $\mathrm{d}r$、高为 h 的薄圆筒内的磁场能量为

$$\mathrm{d}W_m = w_m \mathrm{d}V = \frac{\mu I^2}{8\pi^2 r^2} \cdot 2\pi r \cdot \mathrm{d}r \cdot h = \frac{\mu h I^2}{4\pi r}\mathrm{d}r$$

则筒间磁场能量为

$$W_m = \int \mathrm{d}W_m = \int \frac{\mu h I^2}{4\pi r} \cdot \mathrm{d}r = \frac{\mu h I^2}{4\pi}\ln\frac{b}{a}$$

因为 $W_m = \dfrac{1}{2}LI^2$，所以 $L = \dfrac{\mu h}{2\pi}\ln\dfrac{b}{a}$。

故单位长度同轴电缆的自感系数为

$$L_0 = \frac{L}{h} = \frac{\mu}{2\pi}\ln\frac{b}{a}$$

例题 8-13 如图 8-12 所示, 一无限长直导线, 半径为 R, 试求长度为 b 的一般导线与内部磁通量有联系的那部分的自感系数。

解 用磁链法进行计算(方法一)。

磁链法就是设想回路通有电流 I, 然后计算磁链 Ψ, 最后根据定义 $L = \dfrac{\Psi}{I}$ 求出自感系数。

该种方法下磁链表示磁力线与电场线相互套连, 导线内磁力线不是与整个导线中的全部电流套连, 而只与其中一部分导线相套连, 因此在计算有效磁链时要乘上一个匝链因子, 即

图 8-12 例题 8-13 图

$$a = \pi r^2/\pi R^2 = r^2/R^2$$

式中, R 为导体半径; r 为导线内某磁力线的半径。导线内的有效磁链为

$$\Psi = \int aB\mathrm{d}S = \int_0^R \frac{r^2}{R^2}\frac{\mu_0 Ir}{2\pi R^2}b\mathrm{d}r = \frac{\mu_0 I}{8\pi}b$$

故此导线的自感系数为

$$L = \frac{\Psi}{I} = \frac{\mu_0 b}{8\pi}$$

用磁能法进行计算(方法二)。

应用磁能法时先设想回路通有电流 I, 然后计算磁场能量 W_m, 最后由公式 $W_\mathrm{m} = \dfrac{1}{2}LI^2$ 求出自感系数。

由 $w_\mathrm{m} = \dfrac{B^2}{2\mu_0} = \dfrac{1}{2\mu_0}\left(\dfrac{\mu_0 Ir}{2\pi R^2}\right)^2 = \dfrac{\mu_0 I^2 r^2}{8\pi^2 R^4}$ 和 $\mathrm{d}V = 2\pi rb\mathrm{d}r$ 可得

$$W_\mathrm{m} = \int w_\mathrm{m}\mathrm{d}V = \int \frac{\mu_0 I^2 r^2}{8\pi^2 R^4}2\pi rb\mathrm{d}r = \frac{\mu_0 I^2 b}{4\pi R^4}\int_0^R r^3\mathrm{d}r = \frac{\mu_0 I^2}{16\pi}b$$

故导线内的自感系数为

$$L = \frac{2W_\mathrm{m}}{I^2} = \frac{\mu_0 b}{8\pi}$$

例题 8-14 有一单层密绕的螺线管, 长为 $0.25\,\mathrm{m}$, 横截面积为 $5 \times 10^{-4}\,\mathrm{m}^2$, 绕有线圈 2 500 匝, 电流为 0.2 A, 求线圈内的磁场能量。

解 螺线管中储存的能量与流过螺线管的电流的平方成正比, 与自感系数成正比, 所以求出自感系数即可解答此问题。单层密绕螺线管的自感系数为

$$L = \mu_0 n^2 V = \frac{\mu_0 N^2 S}{l} = \frac{4\pi \times 10^{-7} \times (2\,500)^2 \times 5 \times 10^{-4}}{0.25} \text{ H}$$

$$= 5\pi \times 10^{-3} \text{ H}$$

螺线管中储存的能量为

$$W_m = \frac{1}{2} L I^2 = \frac{1}{2} \times 5\pi \times 10^{-3} \times (0.2)^2 \text{ J} = 3.14 \times 10^{-4} \text{ J}$$

例题 8-15　已知两个共轴并且完全耦合的螺线管 A 和 B，若 A 的自感系数 L_1 为 4.0×10^{-3} H，载有 3 A 的电流 I_1，B 的自感系数 L_2 为 9×10^{-3} H，载有 5 A 的电流 I_2，计算此两个螺线管内储存的总磁场能量 W_m。

解　对两个共轴并且完全耦合的螺线管运用磁场能量公式有

$$W_m = \frac{1}{2} L_1 I_1^2 + \frac{1}{2} L_2 I_2^2 + M I_1 I_2$$

式中，$M = \pm \sqrt{L_1 \cdot L_2} = \pm \sqrt{4.0 \times 10^{-3} \times 9 \times 10^{-3}} \text{ H} = \pm 6 \times 10^{-3}$ H。

两个螺线管内的磁场同向时，M 取正值，两个螺线管内储存的总磁场能量为

$$W_m = \frac{1}{2} L_1 I_1^2 + \frac{1}{2} L_2 I_2^2 + M I_1 I_2$$

$$= \frac{1}{2} \times 4 \times 10^{-3} \times 9 \text{ J} + \frac{1}{2} \times 9 \times 10^{-3} \times 25 \text{ J} + 6 \times 10^{-3} \times 3 \times 5 \text{ J}$$

$$= 0.22 \text{ J}$$

两个螺线管内的磁场反向时，有

$$W_m = \frac{1}{2} L_1 I_1^2 + \frac{1}{2} L_2 I_2^2 - M I_1 I_2 = 4.05 \times 10^{-2} \text{ J}$$

授课章节	第十一章 光学 11.1 相干光；11.2 杨氏双缝干涉 劳埃德镜
目的要求	掌握光程、光程差及光程差与相位差的关系；掌握杨氏双缝干涉的明暗条纹的位置及形成条件
重点难点	光的相干性；光程差；杨氏双缝干涉

主要内容

一、光程、光程差

1. 光的干涉现象和相干条件

光的干涉现象：两束相干光在空间相遇时，光的强度形成稳定的明暗相间的空间分布现象。

相干的条件：振动方向相同，振动频率相同，相位差恒定。

获得相干光的常见方法有分波阵面法、分振幅法。

2. 明(暗)条纹条件

(1)明(暗)条纹条件用相位差 $\Delta\varphi$ 表示如下。

明条纹条件为

$$\Delta\varphi = \pm 2k\pi \quad (k = 0,\ 1,\ 2,\ \cdots)$$

暗条纹条件为

$$\Delta\varphi = \pm(2k + 1)\pi \quad (k = 0,\ 1,\ 2,\ \cdots)$$

(2)明(暗)条纹条件用光程差 δ 表示如下。

明条纹条件为(光的波长为 λ)

$$\delta = \pm k\lambda \quad (k = 0,\ 1,\ 2,\ \cdots)$$

暗条纹条件为

$$\delta = \pm(2k + 1)\frac{\lambda}{2} \quad (k = 0,\ 1,\ 2,\ \cdots)$$

3. 光程及光程差

(1)光程：介质折射率 n 与光在该介质中走过的几何路程 r 之积称为光程，即 nr，它的意义是把光在不同介质中所走过的路程折算为光在真空中的路程，这样便于比较。

(2)光程差 δ：两束相干光的光程差值。在一条光路中插入厚为 r 的介质后，这条光路的光程将改变 $(n-1)r$。

(3)光程差与相位差的关系：$\Delta\varphi = 2\pi\dfrac{\delta}{\lambda}$。

4. 半波损失

当光从光疏介质射向光密介质时，反射光的相位发生了 π 的突变，相当于损失了半个波长的光程，称为半波损失。

一般在 3 种介质界面计算两束反射光的光程差时，要判断半波损失产生的附加光程差，可以用下面的经验口诀：当 3 种介质折射率满足 $n_1 > n_2 > n_3$ 或 $n_1 < n_2 < n_3$ 时，"顺次型，无附加光程差"；当 $n_1 > n_2$ 且 $n_2 < n_3$ 或 $n_1 < n_2$ 且 $n_2 > n_3$ 时，"夹馅型，加 $\lambda/2$ 附加光程差"。

薄透镜不引起附加光程差，折射光都无半波损失。

二、杨氏双缝干涉(分波阵面法)

1. 光程差与明(暗)条纹条件

几何关系为：$\sin\theta \approx \tan\theta = \dfrac{x}{D}$。

光程差为：$\delta = r_2 - r_1 \approx d \cdot \sin\theta = d \cdot \dfrac{x}{D}$。

明(暗)条纹条件为：

(1) 明条纹时，$\delta = \pm k\lambda$ （$k = 0, 1, 2, \cdots$）；

(2) 暗条纹时，$\delta = \pm(2k+1)\dfrac{\lambda}{2}$ （$k = 0, 1, 2, \cdots$）。

2. 条纹位置与条纹间距

(1) 条纹位置。将光程差代入明(暗)条纹条件可得

$$x_{明} = \pm\frac{D}{d}k\lambda \quad (k = 0, 1, 2, \cdots)$$

$$x_{暗} = \pm\frac{D}{d}\left(k + \frac{1}{2}\right)\lambda \quad (k = 0, 1, 2, \cdots)$$

(2) 条纹间距。相邻的两条明条纹(或暗条纹)间的距离为

$$\Delta x = x_{k+1} - x_k = \frac{D}{d}\lambda$$

(3) 在光路中加入厚度为 e 的介质，引起光程差的变化。

这种情况下的光程差为 $\delta'' = (r_2 - r_1) \pm (n-1)e = d\dfrac{x''}{D} \pm (n-1)e$，将光程差代入明(暗)条纹条件，可计算得出新的原来同级条纹的位置 x''。

例题精解

例题 11-1 在杨氏双缝干涉实验中，暗条纹条件的规定具有一定的人为性。在哪种情况下，级数 k 与条纹序数相同？在何种规定下，级数 k 与条纹序数相差 1？

解 因明条纹条件只能是 $\delta = \pm k\lambda$，而暗条纹条件可以是 $\delta = \pm(2k+1)\lambda/2$，也可以是 $\delta = \pm(2k-1)\lambda/2$。因此，一般不能把条纹的级数 k 和序数(即第几条条纹的顺序编号)

等同起来。在解题时,要根据具体的干涉条件,先确定 k 的最小值,同时确定该条纹的序数,从而决定条纹的 k 值与序数是否相同或者相差 1。

若规定 $\delta = \pm(2k+1)\lambda/2$,则 $k_{\min} = 0$,k 的取值为 0,1,2,…,相应的条纹序数是 1、2、3 等,所以在这种规定下,暗条纹的级数 k 与暗条纹的序数相差 1。

若规定 $\delta = \pm(2k-1)\lambda/2$,则 $k_{\min} = 1$,k 的取值为 1,2,3,…,相应的条纹序数是 1、2、3 等,所以在这种规定下,暗条纹的级数 k 与暗条纹的序数相同。

可见,明条纹和暗条纹并无截然的分界线,所以算出的条纹位置应是明条纹和暗条纹的中心线。

例题 11-2　以单色光照射到相距为 0.2 mm 的双缝上,缝距为 1 m。

(1) 从第一级明条纹到同侧第四级明条纹的距离为 7.5 mm 时,求入射光波长;

(2) 若入射光波长为 6×10^{-7} m,求相邻明条纹间距。

解　(1) 明条纹坐标为 $x = \pm k\dfrac{D\lambda}{d}$,由题意有

$$x_4 - x_1 = 4\frac{D\lambda}{d} - \frac{D\lambda}{d} = \frac{3D\lambda}{d}$$

于是得

$$\lambda = \frac{d}{3D}(x_4 - x_1) = \frac{0.2 \times 10^{-3}\ \text{m}}{3 \times 1\ \text{m}} \times 7.5 \times 10^{-3}\ \text{m} \approx 5 \times 10^{-7}\ \text{m}$$

(2) 当 $\lambda = 6 \times 10^{-7}$ m 时,相邻明条纹间距为

$$\Delta x = \frac{D\lambda}{d} = \frac{1\ \text{m} \times 6 \times 10^{-7}\ \text{m}}{0.2 \times 10^{-3}\ \text{m}} = 3 \times 10^{-3}\ \text{m} = 3\ \text{mm}$$

例题 11-3　如图 11-1 所示,当在杨氏双缝干涉实验装置的一条狭缝后面盖上折射率为 $n = 1.58$ 的云母片时,观察到屏幕上干涉条纹移动了 9 个条纹间距,已知波长 $\lambda = 550$ nm,求云母片的厚度 b。

解　没有盖云母片时,零级明条纹在点 O;当缝 S_1 盖上云母片后,光线 1 的光程增大。由于零级明条纹所对应的光程差为零,所以这时零级明条纹只有上移,才能使光程差为零。依题意,缝 S_1 盖上云母片后,零级明条纹由点 O 移动到原来的第九级明条纹位置点 P,当 $x \ll d$ 时,从 S_1 发出的光可以近似看作垂直通过云母片,光程增加了 $(n-1)b$,从而有 $(n-1)b = k\lambda$。于是得

图 11-1　例题 11-3 图

$$b = \frac{k\lambda}{n-1} = \frac{9}{1.58-1} \times 550 \times 10^{-9}\ \text{m} \approx 8.53 \times 10^{-6}\ \text{m}$$

授课章节	第十一章　光学 11.3 薄膜干涉；11.4 劈尖　牛顿环　迈克耳孙干涉仪
目的要求	能熟练计算薄膜等厚干涉的明（暗）条纹位置及形成条件；掌握半波损失的概念
重点难点	几种薄膜干涉；薄膜干涉条纹，半波损失

主要内容

一、薄膜等倾干涉（分振幅法）

1. 薄膜等倾干涉的一般情况（反射光的光程差）

光程差为：$\delta = 2e\sqrt{n_2^2 - n_1^2 \sin^2 i} + \delta'$。

当平行光垂直入射（$i = 0$）时，$\delta = 2n_2 e + \delta'$（$n_2$ 为介质薄膜的折射率），δ' 是附加光程差，对于反射光的干涉，有：若 $n_1 > n_2$，$n_2 < n_3$ 或 $n_1 < n_2$，$n_2 > n_3$，则 $\delta' = \dfrac{\lambda}{2}$；若 $n_1 > n_2 > n_3$ 或 $n_1 < n_2 < n_3$，则 $\delta' = 0$。

2. 增透膜与增反膜（看反射光）

若反射光干涉加强，则透射光干涉必减弱；反之也成立。

（1）对于增反膜，有

$$\delta = 2n_2 e + \delta' = k\lambda \quad (k = 1,\ 2,\ \cdots)$$

（2）对于增透膜，有

$$\delta = 2n_2 e + \delta' = \left(k + \frac{1}{2}\right)\lambda \quad (k = 0,\ 1,\ 2,\ \cdots)$$

上两式中 δ' 是附加光程差，取值需要讨论。

注意：同一膜厚，对某一入射光增透，对其他光则可能增反；同一波长入射光，对不同的膜厚，增透或增反效果也不同。

二、薄膜等厚干涉

1. 劈尖干涉

薄膜等厚干涉的典型实例就是劈尖干涉，设薄膜折射率为 n，则：

明条纹条件为：$\delta = 2ne + \dfrac{\lambda}{2} = k\lambda\,(k = 1,\ 2,\ \cdots)$；

暗条纹条件为：$\delta = 2ne + \dfrac{\lambda}{2} = (2k + 1)\dfrac{\lambda}{2}\,(k = 0,\ 1,\ 2,\ \cdots)$。

在棱边处 $e = 0$，由于半波损失而形成暗条纹。

明条纹对应厚度为 $e_k = \left(k - \dfrac{1}{2}\right)\dfrac{\lambda}{2n}$，暗条纹对应厚度为 $e'_k = k\dfrac{\lambda}{2n}$。

相邻明（暗）条纹的厚度差为：$\Delta e = \Delta e' = \dfrac{\lambda}{2n}$。

相邻明（暗）条纹的间距为：$l\sin\theta = \Delta e = \dfrac{\lambda}{2n}$。

应用方面有：根据 $l = \dfrac{\lambda}{2n\sin\theta} \approx \dfrac{\lambda}{2n\theta}$，可以测波长或测折射率等。

2. 牛顿环

明环条件为：$\delta = 2ne + \dfrac{\lambda}{2} = k\lambda(k = 1, 2, 3, \cdots)$。

暗环条件为：$\delta = 2ne + \dfrac{\lambda}{2} = (2k + 1)\dfrac{\lambda}{2}(k = 0, 1, 2, \cdots)$。

几何关系为：$r^2 = 2eR$。

明环半径为：$r_k = \sqrt{\dfrac{\left(k - \dfrac{1}{2}\right)R\lambda}{n}}$。

暗环半径为：$r_k = \sqrt{\dfrac{kR\lambda}{n}}$。

相邻明（暗）条纹的厚度差（与劈尖相同）为：$\Delta e = \Delta e' = \dfrac{\lambda}{2n}$。

条纹特点为：内疏外密的一组同心圆环，中心为零级暗斑。

应用方面有：根据 $r_{k+m}^2 - r_k^2 = mR\lambda$，可测透镜球面的半径 R 或测波长 λ。

三、迈克耳孙干涉仪

用互相垂直的两平面镜形成等效空气层，利用分振幅法产生相干光，相当于薄膜干涉。当两平面镜严格垂直时，视场中可以观察到相当于薄膜的等倾干涉的一组同心圆环；当两平面镜不严格垂直时，视场中可以观察到相当于劈尖的等厚干涉的平行直条纹。当动臂移动时，干涉条纹移动。若条纹移动数为 N，则动臂移动距离为

$$d = N\frac{\lambda}{2}$$

明条纹对应厚度为：$e_k = \left(k - \dfrac{1}{2}\right)\dfrac{\lambda}{2n}$。

暗条纹对应厚度为：$e'_k = k\dfrac{\lambda}{2n}$。

相邻明（暗）条纹的厚度差为：$\Delta e = \dfrac{\lambda}{2n}$。

相邻明（暗）条纹的间距为：$l\sin\theta = \Delta e = \dfrac{\lambda}{2n}$。

应用方面有：根据 $l = \dfrac{\lambda}{2n\sin\theta} \approx \dfrac{\lambda}{2n\theta}$，可以测波长或测折射率等。

例题精解

例题 **11-4** 如图 11-2 所示，白光垂直射到空气中一厚度为 3.8×10^{-7} m 的肥皂水膜（肥皂水的折射率为 1.33）上，试问：

（1）水膜正面呈何颜色？

（2）水膜背面呈何颜色？

解 依题意，对于水膜正面，$\delta = 2ne + \dfrac{\lambda}{2}(i = 0,$ 光有半波损失$)$。

（1）因反射加强，故有 $2ne + \dfrac{\lambda}{2} = k\lambda$，$k = 1,2,\cdots,$ 于是得

$$\lambda = \frac{2ne}{k - \dfrac{1}{2}} = \frac{2\times1.33\times3.8\times10^{-7}}{k - \dfrac{1}{2}}\text{ m} = \frac{10.108\times10^{-7}}{k - \dfrac{1}{2}}\text{ m}$$

$$\approx \begin{cases} 2.0216\times10^{-6}\text{ m} & (k = 1) \\ 6.739\times10^{-7}\text{ m} & (k = 2) \\ 4.043\times10^{-7}\text{ m} & (k = 3) \\ 2.888\times10^{-7}\text{ m} & (k = 4) \end{cases}$$

图 11-2 例题 11-4 图

因为可见光的波长范围为 $4\times10^{-7} \sim 7.6\times10^{-7}$ m，所以，反射光中 $\lambda_2 = 6.739\times10^{-7}$ m 和 $\lambda_3 = 4.043\times10^{-7}$ m 的光得到加强，前者为红光，后者为紫光，即水膜正面呈红色和紫色。

（2）因为透射最强时，反射最弱，所以有

$$2ne + \frac{\lambda}{2} = (2k + 1)\frac{\lambda}{2} \quad (k = 1,2,\cdots)$$

可得

$$2ne = k\lambda$$

上式即为透射光加强条件，又有

$$\lambda = \frac{2ne}{k} = \frac{10.108\times10^{-7}}{k}\text{ m} \approx \begin{cases} 1.0108\times10^{-6}\text{ m} & (k = 1) \\ 5.054\times10^{-7}\text{ m} & (k = 2) \\ 3.369\times10^{-7}\text{ m} & (k = 3) \end{cases}$$

可知，透射光中 $\lambda_2 = 5.054 \times 10^{-7}$ m 的光得到加强，此光为绿光，即水膜背面呈绿色。

例题 11-5 在玻璃表面上涂 MgF_2 透明膜可减少玻璃表面的反射。已知 MgF_2 的折射率为 1.38，玻璃折射率为 1.60。若波长为 5×10^{-7} m 的光从空气中垂直入射到 MgF_2 透明膜上，为了实现反射最小，求 e_{min}。

解 依题意可知 $\delta = 2ne$（膜上下表面均有半波损失）。

当反射最小时，有

$$2ne = (2k+1)\frac{\lambda}{2} \quad (k = 0,\ 1,\ 2,\ \cdots)$$

于是得

$$e = \frac{(2k+1)\lambda}{4n}$$

故当 $k = 0$ 时，有

$$e_{min} = \frac{\lambda}{4n} = \frac{5 \times 10^{-7}}{4 \times 1.38}\ \text{m} \approx 9.06 \times 10^{-8}\ \text{m}$$

例题 11-6 有一玻璃劈尖，放在空气中，劈尖夹角 $\theta = 8 \times 10^{-5}$ rad，用波长 $\lambda = 589$ nm 的单色光垂直入射时，测得干涉条纹的宽度为 $l = 2.4$ mm，求玻璃折射率。

解 因为 $l = \dfrac{\Delta e}{\theta} = \dfrac{\lambda}{2n\theta}$，所以

$$n = \frac{\lambda}{2l\theta} = \frac{589 \times 10^{-9}}{2 \times 2.4 \times 10^{-3} \times 8 \times 10^{-5}} = 1.53$$

例题 11-7 在如图 11-3 所示的牛顿环实验装置中，把玻璃平凸透镜和平玻璃（玻璃折射率为 $n_1 = 1.50$）之间的空气（空气折射率为 $n_2 = 1.00$）改换成水（水折射率为 $n_2' = 1.33$），求第 k 级暗环半径的相对改变量 $|r_k' - r_k|/r_k$。

图 11-3 例题 11-7 图

解 由牛顿环的计算可知，对于空气膜，第 k 级暗环半径为

$$r_k = \sqrt{kR\lambda/n_2} \quad (n_2 = 1.00)$$

充液体后，第 k 级暗环半径为

$$r_k' = \sqrt{kR\lambda/n_2'} \quad (n_2' = 1.33)$$

则第 k 级暗环半径的相对改变量为

$$|r_k' - r_k|/r_k = \frac{\sqrt{kR\lambda}}{\sqrt{kR\lambda}}\left(1 - \frac{1}{\sqrt{n_2'}}\right)$$

$$= 1 - \frac{1}{\sqrt{n_2'}} = 1 - \frac{1}{\sqrt{1.33}} \approx 13.3\%$$

例题 11-8　假设在迈克耳孙干涉仪的一条光路中放入一折射率为 n、厚为 d 的透明薄片，这样就改变了光程，干涉图样将发生改变，相当于将平面镜 M_2 向左或向右移动了相应的距离，如图 11-4 所示，则：

(1) 相当于 M_2 移动了多少距离？

(2) 这条光路的光程改变了多少？

(3) 视场中有多少条纹移过？

图 11-4　例题 11-8 图

解　(1) M_2 移动的距离为 $(n-1)d$；

(2) 光程改变量为 $2(n-1)d$；

(3) 移动条纹数为 $N = \dfrac{(n-1)d}{\lambda/2} = \dfrac{2(n-1)d}{\lambda}$。

授课章节	第十一章　光学 11.5 光的衍射；11.6 夫琅禾费单缝衍射
目的要求	掌握分析夫琅禾费单缝衍射的菲涅耳半波带法，掌握单缝衍射公式，并会用单缝衍射公式确定明（暗）条纹的位置
重点难点	半波带法；暗条纹位置、明条纹宽度的计算

主要内容

一、夫琅禾费单缝衍射

1. 菲涅耳半波带法

一组平行光的光程差仅取决于它们从缝面各点到达 AC 面时的光程差，其中最大光程差为 $a\sin\varphi$，其中 a 为缝宽，φ 为衍射角。设想作相距为半个波长且平行于 AC 的平面，这些平面恰好把 BC 分成 n 等份，则它们同时也将单缝处的波阵面 AB 分成面积相等的 n 个部分（见图 11-5），这样的每一个部分称为一个波带，这样的波带就是菲涅耳半波带。两个相邻半波带的任意两个对应点，当它们发出衍射光到达接收屏上点 P 时，光程差都是 $\lambda/2$，它们将相互抵消，因此两个相邻半波带所发出的衍射光在点 P 都将干涉相消。

图 11-5　菲涅耳半波带

对于给定的衍射角 θ，有以下几种情形：

若 AC＝半波长的偶数倍，则单缝分成偶数个半波带，干涉抵消后在点 P 出现暗纹；

若 AC＝半波长的奇数倍，则单缝分成奇数个半波带，两者抵消后在点 P 剩一个半波带，出现明纹；

若 AC 不等于半波长的整数倍，则点 P 光强介于最明与最暗之间。

2. 明（暗）条纹条件

明（暗）条纹条件（正入射时）为

$$\delta=a\sin\varphi=\begin{cases}\pm(2k+1)\dfrac{\lambda}{2} & \text{明条纹}\\[2mm]\pm k\lambda & \text{暗条纹}\quad(k=1,2,3,\cdots)\\[2mm]0 & \text{中央明条纹}\end{cases}$$

3. 明（暗）条纹位置

由几何关系 $\sin\varphi\approx\tan\varphi=\dfrac{x}{f}$，结合明（暗）条纹条件可得

$$x_{\text{明}}=\pm\frac{f}{a}(2k+1)\frac{\lambda}{2}；\ x_{\text{暗}}=\pm\frac{kf\lambda}{a}$$

4. 条纹宽度

（1）中央明条纹宽度为：正负一级暗条纹间的距离。

中央明条纹宽度的表达式为：$\Delta x_0 = 2x_1' = 2f\dfrac{\lambda}{a}$。

（2）其他明条纹宽度为：相邻两级暗条纹间的距离。

其他明条纹宽度的表达式为：$\Delta x = x_{k+1} - x_k = f\dfrac{\lambda}{a}$。

例题精解

例题 11-9　在夫琅禾费衍射实验中，当衍射角满足 $\delta = a\sin\varphi = 3\lambda$ 时，单缝处的波振面可分为多少个半波带？若将缝宽缩小一半，原来第三级暗条纹将变为第几级明或暗条纹。

解　由题意可知 $\delta = a\sin\varphi = 3\lambda = 6\times\dfrac{\lambda}{2}$，所以可分为 6 个半波带。

因为 $a' = \dfrac{a}{2}$，所以 $\delta' = a'\sin\varphi = (2k+1)\dfrac{\lambda}{2} = \dfrac{a}{2}\sin\varphi = \dfrac{3}{2}\lambda = 3\times\dfrac{\lambda}{2}$。

由 $2k+1 = 3$ 得 $k = 1$，即缝宽改变后，原来第三级暗条纹将变为第一级明条纹。

例题 11-10　如图 11-6 所示，用波长为 λ 的单色光垂直入射到单缝 AB 上，试问：

（1）若 $AP - BP = 2\lambda$，问对点 P 而言，狭缝可分几个半波带？点 P 是明点还是暗点？

（2）若 $AP - BP = 1.5\lambda$，则点 P 又是怎样的？对另一点 Q 来说，$AQ - BQ = 2.5\lambda$，则点 Q 是明点还是暗点？P、Q 二点相比哪点较亮？

图 11-6　例题 11-10 图

解　（1）AB 可分成 4 个半波带，点 P 为暗点（$2k$ 个）。

（2）点 P 对应 AB 上的半波带数为 3，点 P 为明点。

点 Q 对应 AB 上半波带数为 5，点 Q 为明点。

因为 $2k_Q + 1 = 5$，$2k_P + 1 = 3$，所以 $k_Q = 2$，$k_P = 1$，故点 P 较亮。

授课章节	第十一章 光学 11.8 光栅衍射；11.9 光的偏振性 马吕斯定律；11.10 反射光和折射光的偏振
目的要求	掌握光栅衍射公式，掌握缺级问题、重叠问题和最高级次问题；了解获得偏振光的方法以及检验偏振光的方法；掌握马吕斯定律；掌握布儒斯特定律
重点难点	光栅衍射、光栅衍射的光强分布；马吕斯定律、布儒斯特定律

主要内容

一、光栅衍射

1. 光栅常数

光栅常数为透光缝和不透光缝距离之和，即 $d = a + b$。

2. 光栅方程

明条纹（主极大）条件（正入射时）为

$$d \sin \varphi = \pm k\lambda \quad (k = 0, 1, 2, \cdots)$$

3. 缺级问题

光栅衍射的某一级主极大，恰好出现在单缝衍射的某一级暗条纹的位置时，则这一级光栅衍射主极大将不会出现，称为缺级。由光栅方程和单缝衍射暗条纹条件可得缺级条件为

$$\frac{a + b}{a} = \frac{k}{k'} = m$$

缺级级次为：$k = mk'$，$k' = 1, 2, \cdots$，即 m 的整数倍级次均为缺级。

4. 最高级次

由于 $|\sin \varphi| \le 1$，k 的取值有一定的范围，故只能看到有限级的衍射条纹，衍射条纹的最高级次为

$$k_{\mathrm{m}} < \frac{a + b}{\lambda} \left| \sin \frac{\pi}{2} \right| = \frac{a + b}{\lambda}$$

当 $\frac{a + b}{\lambda}$ 为整数时，$k_{\mathrm{m}} = \frac{a + b}{\lambda} - 1$；当 $\frac{a + b}{\lambda}$ 为小数时，k_{m} 为其整数部分。

设屏无限大，此时在屏幕上呈现的全部级次应为：从0开始取，依次是 0，± 1，± 2，…，$\pm k_{\mathrm{m}}$。注意，要去掉其中的缺级，才是能呈现的全部级次。

5. 重叠问题

在光栅衍射中，当入射光为白光时，除中央条纹是白色条纹外，其他条纹皆为彩色条纹，在同一级次彩色光谱中，紫光靠近中央，红光远离中央，并且光谱的宽度随级次的增加而增加，在较高级次的光谱中，有一部分要彼此重叠，重叠级次满足下列公式，即

$$(a + b)\sin\varphi = k_1\lambda_1 = k_2\lambda_2 \quad \text{或} \quad \frac{k_1}{k_2} = \frac{\lambda_2}{\lambda_1}$$

注意，满足此关系式的级次均重叠。

二、偏振光

1. 光的偏振态

光是横波，有自然光、线偏振光、部分偏振光等不同的偏振态。

自然光：光矢量具有各个方向的振动并且各方向振动概率均相等的光。自然光的光矢量可以用两个相互独立、振幅相等、振动方向互相垂直的分振动来表示，且两个方向的光强相等，等于自然光强的一半。

线偏振光：在一定条件下产生的光矢量只沿一个方向振动的光。

部分偏振光：两个独立方向的光振动不相等，其中一个方向较另一方向强的光。

这 3 种不同偏振态光的几何表示如图 11-7 所示。

图 11-7　几种不同偏振态光的几何表示

2. 起偏和检偏

（1）起偏和检偏。由自然光获得线偏振光的过程称为起偏；检验线偏振光的过程称为检偏。

（2）偏振片及其偏振化方向。偏振片是一种起偏器，它能吸收某一方向的光振动，而让与这个方向垂直的光振动通过，从而获得线偏振光，且线偏振光的振动方向就是这个透光的方向，此方向称为偏振化方向。

光强为 I_0 的自然光入射偏振片时，透射光是光强为 $I = \dfrac{I_0}{2}$ 的线偏振光。

3. 马吕斯定律

马吕斯定律是用来研究线偏振光通过检偏器后出射光光强变化规律的。光强为 I_1 的线偏振光入射偏振片时，出射光光强为 $I_2 = I_1\cos^2\alpha$。其中，α 为线偏振光振动方向与偏振片偏振化方向之间的夹角。

用偏振片检偏的几种情况为：若出射光光强不变，则入射光为自然光；若出射光光强改变，但没有消光现象，则入射光为部分偏振光；若出射光光强改变，且有消光现象，则入射光为线偏振光。

4. 布儒斯特定律

布儒斯特定律用来研究自然光在两种介质界面反射和折射时的偏振现象规律。自然光入射到两种介质界面上时，反射光和折射光一般是部分偏振光。

布儒斯特定律具体内容为：当入射角 i_0 满足 $\tan i_0 = \dfrac{n_2}{n_1}$ 时（i_0 称为布儒斯特角，n_1 为入射光所在介质的折射率，n_2 为折射光所在介质的折射率），此时折射光与反射光（反射光为光振动垂直入射面的线偏振光）互相垂直，即 $i_0 + \gamma = 90°$，其中 γ 为折射角。

布儒斯特定律反映的是当入射角为布儒斯特角时，反射光为偏振光，如果想从折射光中获得完全偏振光，则可以用玻璃片堆经多次折射获得。

例题精解

例题 11–11　以氦放电发出的光 E 入射某光栅，若测得 $\lambda_1 = 6.68 \times 10^{-7}$ m 时衍射角为 $20°$，如在同一衍射角下出现更高级次的氦谱线 $\lambda_2 = 4.47 \times 10^{-7}$ m，问光栅常数最小为多少？

解　依题意有

$$\begin{cases}(a+b)\sin 20° = k\lambda_1 \\ (a+b)\sin 20° = (k+n)\lambda_2 \quad (n \text{ 为正整数})\end{cases}$$

于是得

$$k\lambda_1 = (k+n)\lambda_2$$

即 $k = \dfrac{\lambda_2}{\lambda_1 - \lambda_2}n$。

又因为 $(a+b) \propto k$，而 $k \propto n$，故 $(a+b) \propto n$。

可见，$n=1$ 时，$(a+b) = (a+b)_{\min}$，此时光栅常数最小，于是有

$$k = \frac{\lambda_2}{\lambda_1 - \lambda_2} = \frac{4.47 \times 10^{-7}\text{ m}}{6.68 \times 10^{-7}\text{ m} - 4.47 \times 10^{-7}\text{ m}} \approx 2.02$$

取 $k=2$，则

$$a + b = \frac{2\lambda_1}{\sin 20°} = \frac{2 \times 6.68 \times 10^{-7}\text{ m}}{\sin 20°}$$

$$\approx 3.906 \times 10^{-7}\text{ m}$$

例题 11–12　复色光 E 入射到光栅上，若其中一种光的第三级主极大和红光（$\lambda_R = 6 \times 10^{-7}$ m）的第二级主极大相重合，求该光的波长。

解　光栅方程为 $(a+b)\sin \varphi = \pm k\lambda$。由题意可得

$$\begin{cases} (a+b)\sin\varphi = \pm 3\lambda_x \\ (a+b)\sin\varphi = \pm 2\lambda_R \end{cases}$$

于是有

$$3\lambda_x = 2\lambda_R$$

即 $\lambda_x = \dfrac{2}{3}\lambda_R = \dfrac{2}{3} \times 6 \times 10^{-7}$ m $= 4 \times 10^{-7}$ m。

例题 11-13　偏振片 P_1、P_2 放在一起，一束自然光垂直入射到 P_1 上，试求在下面情况下的 P_1、P_2 偏振化方向的夹角：

（1）透过 P_2 后光强为最大透射光强的 $\dfrac{1}{3}$；

（2）透过 P_2 后光强为入射到 P_1 上光强的 $\dfrac{1}{3}$。

解　（1）设自然光光强为 I_0，透过 P_1 后光强为 $I_1 = \dfrac{1}{2}I_0$，透过 P_2 后光强为 $I_2 = I_1\cos^2\alpha$（马吕斯定律），可见 $I_{2\max} = I_1$。

当 $I_2 = \dfrac{1}{3}I_{2\max} = \dfrac{1}{3}I_1$ 时，有 $\dfrac{1}{3} = \cos^2\alpha$，则

$$\alpha = \arccos\left(\pm\frac{\sqrt{3}}{3}\right)$$

（2）由于 $I_2 = I_1\cos^2\alpha = \dfrac{1}{2}I_0\cos^2\alpha$，故当 $I_2 = \dfrac{1}{3}I_0$ 时，有 $\dfrac{1}{3} = \dfrac{1}{2}\cos^2\alpha$，于是得

$$\alpha = \arccos\left(\pm\frac{\sqrt{6}}{3}\right)$$

例题 11-14　如图 11-8 所示，3 个偏振片平行放置，P_1、P_3 的偏振化方向相互垂直，自然光垂直入射到偏振片 P_1、P_2、P_3 上，试问：

图 11-8　例题 11-14 图

（1）当透过 P_3 光的光强为入射自然光光强的 $\dfrac{1}{8}$ 时，P_2 与 P_1 偏振化方向的夹角为多少？

（2）当透过 P_3 光的光强为零时，P_2 应如何放置？

（3）能否找到 P_2 的合适方位，使最后透射光光强为入射自然光光强的 $\dfrac{1}{2}$。

解　(1) 设 P_1 与 P_2 偏振化方向的夹角为 θ，自然光光强为 I_0，透过 P_1 后光强为 $I_1 = \dfrac{I_0}{2}$，透过 P_2 后光强为 $I_2 = I_1\cos^2\theta = \dfrac{1}{2}I_0\cos^2\theta$，透过 P_3 后光强为 $I_3 = I_2\cos^2\left(\dfrac{\pi}{2} - \theta\right) = I_2\sin^2\theta = \left(\dfrac{1}{2}I_0\cos^2\theta\right)\sin^2\theta = \dfrac{1}{8}I_0\sin^2 2\theta$。

当 $I_3 = \dfrac{1}{8}I_0$ 时，$\sin^2 2\theta = 1$，于是有 $\theta = 45°$。

(2) 由于 $I_3 = \dfrac{1}{8}I_0\sin^2 2\theta$，故当 $I_3 = 0$ 时，$\sin^2 2\theta = 0$，于是有 $\theta = 0°$ 或 $90°$。

(3) 由于 $I_3 = \dfrac{1}{8}I_0\sin^2 2\theta$，故当 $I_3 = \dfrac{1}{2}I_0$ 时，$\sin^2 2\theta = 4$，此时 θ 无意义。

因此找不到 P_2 的合适方位，使 $I_3 = \dfrac{1}{2}I_0$。

• **讨论**

由例题 11-14(1) 中 I_3 的公式可知，$I_{3\max} = \dfrac{1}{8}I_0$。

例题 11-15　图 11-9 所示的 3 种透明介质 Ⅰ、Ⅱ、Ⅲ 的折射率分别为 $n_1 = 1.00$，$n_2 = 1.43$ 和 n_3，Ⅰ、Ⅱ、Ⅲ 的界面相互平行，一束自然光从介质 Ⅰ 中入射，若在两个界面上的反射光都是线偏振光，试问：

(1) 入射角 i 为多少？

(2) 折射率 n_3 为多少？

图 11-9　例题 11-15 图

解　(1) 根据布儒斯特定律，有

$$\tan i = \frac{n_2}{n_1} = 1.43$$

因此 $i = 55.03°$。

(2) 设在介质 Ⅱ 中的折射角为 γ，则

$$\gamma = \frac{\pi}{2} - i$$

此 γ 的数值等于介质 Ⅱ、Ⅲ 界面上的入射角，由布儒斯特定律有

$$\tan \gamma = \frac{n_3}{n_2}$$

得 $n_3 = n_2\tan \gamma = n_2\cot i = n_2\dfrac{n_1}{n_2} = 1.00$。

	第十四章　相对论
授课章节	14.1 伽利略变换式　经典力学的绝对时空观；14.2 狭义相对论的基本原理　洛伦兹变换式；14.3 狭义相对论的时空观
目的要求	理解狭义相对论的基本原理；理解并掌握洛伦兹变换；理解狭义相对论的时空观
重点难点	狭义相对论的基本原理、狭义相对论的时空观

主要内容

一、爱因斯坦假设

1. 相对性原理

相对性原理是指物理学规律在所有惯性系中都具有相同的形式，或物理学规律与惯性系的选择无关，所有的惯性系都是等价的。

2. 光速不变原理

在所有惯性系中，测得真空中光速均有相同的量值 c。

二、洛伦兹变换

洛伦兹变换式为

$$\begin{cases} x' = \gamma(x - vt) \\ y' = y \\ z' = z \qquad\qquad （正变换式）\\ t' = \gamma\left(t - \dfrac{v}{c^2}x\right) \end{cases}$$

$$\begin{cases} x = \gamma(x' + vt') \\ y = y' \\ z = z' \qquad\qquad （逆变换式）\\ t = \gamma\left(t' + \dfrac{v}{c^2}x'\right) \end{cases}$$

收缩因子 $\gamma = \dfrac{1}{\sqrt{1 - \dfrac{v^2}{c^2}}} = \dfrac{1}{\sqrt{1 - \beta^2}}$，其中 $\beta = \dfrac{v}{c}$。

当 $v \ll c$ 时，洛伦兹变换又称为伽利略变换。

三、狭义相对论的时空观

1. "同时"的相对性

"同时"的相对性意为在一个参考系中同时发生的两个事件，在另一个参考系看来是不同时的。由洛伦兹变换式可得 $\Delta t' = \gamma\left(\Delta t - \dfrac{v}{c^2}\Delta x\right)$，可见 $\Delta t'$ 不止与 Δt 有关，还与 Δx 有关；同理，讨论相反情况时，$\Delta t = \gamma\left(\Delta t' + \dfrac{v}{c^2}\Delta x'\right)$。

2. 时间膨胀

时间膨胀是一种物理现象，即运动的时钟将变慢，其表达式为

$$\tau = \gamma\tau_0 = \frac{\tau_0}{\sqrt{1 - v^2/c^2}}$$

固有时间 τ_0 是与被测对象相对静止的参考系中测得的在同一地点发生的两事件的时间间隔，固有时间最短。

3. 长度收缩

长度收缩又称尺缩效应，即运动的尺子将变短，其表达式为

$$L = \frac{L_0}{\gamma} = L_0\sqrt{1 - \frac{v^2}{c^2}}$$

固有长度 L_0 是与被测对象相对静止的参考系中测得的长度，固有长度最长。

例题精解

例题 14-1 地面参考系 S' 中，在 $x = 1.0 \times 10^6$ m 处，于 $t = 0.02$ s 的时刻爆炸了一颗炸弹。如果有一沿 x 轴正方向、以 $v = 0.75c$ 速率飞行的飞船，已知 $\beta = \dfrac{v}{c} = 0.75$，求：在飞船参考系中的观测者测得这颗炸弹爆炸的地点（空间坐标）和时间。

解 由洛伦兹变换式得，在参考系 S' 中测得炸弹爆炸的空间和时间坐标分别为

$$x' = \frac{x - vt}{\sqrt{1 - \beta^2}}$$

$$= \frac{1.0 \times 10^6 - 0.75 \times 3 \times 10^8 \times 0.02}{\sqrt{1 - 0.75^2}} \text{ m} \approx -5.29 \times 10^6 \text{ m}$$

$$t' = \frac{t - \dfrac{v}{c^2}x}{\sqrt{1 - \beta^2}} = \frac{0.02 - \dfrac{0.75 \times 1.0 \times 10^6}{3 \times 10^8}}{\sqrt{1 - 0.75^2}} \text{ s} \approx 0.026\,5 \text{ s}$$

因此，在飞船参考系中观测者测得的爆炸地点为 $x' \approx -5.29 \times 10^6$ m，爆炸时间为 $t' \approx 0.026\,5$ s。

授课章节	第十四章　相对论 14.4 相对论性动量和能量
目的要求	掌握质速关系、相对论动能、质能关系
重点难点	质速关系、相对论动能、质能关系

主要内容

一、相对论质量

相对论质量的表达式为

$$m = \frac{m_0}{\sqrt{1 - \dfrac{v^2}{c^2}}}$$

当 $v \ll c$ 时，$m = m_0$；当 $v \to c$ 时，$m \to \infty$。

二、相对论动量

相对论动量的表达式为

$$\boldsymbol{p} = m\boldsymbol{v} = \frac{m_0 \boldsymbol{v}}{\sqrt{1 - \dfrac{v^2}{c^2}}}$$

三、相对论动力学的基本方程

相对论动力学的基本方程为

$$F = \frac{\mathrm{d}p}{\mathrm{d}t} = \frac{\mathrm{d}(mv)}{\mathrm{d}t} = m\frac{\mathrm{d}v}{\mathrm{d}t} + v\frac{\mathrm{d}m}{\mathrm{d}t}$$

四、相对论能量

相对论能量的分析分为以下几个方面：

（1）总能量 $E = mc^2$；

（2）静能 $E_0 = m_0 c^2$；

（3）动能 $E_k = mc^2 - m_0 c^2$；

（4）总能量与动量之间的关系 $E^2 = E_0^2 + p^2 c^2$；

（5）对于光子，其静止质量 $m_0 = 0$，则

$$E = mc^2 = pc = h\nu$$

$$m = \frac{p}{c} = \frac{E}{c^2}$$

$$p = \frac{E}{c} = \frac{h}{\lambda}$$

例题精解

例题 14-2 求火箭分别以 $0.15c$ 和 $0.85c$ 的速率运动时，其运动质量与静止质量之比。

解 当火箭以 $0.15c$ 的速率运动时，有

$$m_1 = \frac{m_0}{\sqrt{1 - \dfrac{v_1^2}{c^2}}} = \frac{m_0}{0.989} \approx 1.0 m_0$$

当火箭以 $0.85c$ 的速率运动时，有

$$m_2 = \frac{m_0}{\sqrt{1 - \dfrac{v_2^2}{c^2}}} = \frac{m_0}{0.527} \approx 1.9 m_0$$

因此，当速率为 $0.15c$ 时，火箭运动质量与其静止质量之比为 1；当速率为 $0.85c$ 时，火箭运动质量与其静止质量之比为 1.9。

例题 14-3 一立方体，静止质量为 m_0，静止体积为 V_0，相对观察者坐标系沿某一棱边的方向以速率 v 运动，求在观察者坐标系中立方体的体积和密度各为多少？

解 由观察者测得立方体的长、宽、高分别为

$$x = x_0 \sqrt{1 - \frac{v^2}{c^2}} \ , \ y = y_0 \ , \ z = z_0$$

于是，在观察者坐标系中立方体的体积为

$$V = xyz = x_0 y_0 z_0 \sqrt{1 - \frac{v^2}{c^2}} = V_0 \sqrt{1 - \frac{v^2}{c^2}}$$

在观察者坐标系中立方体的质量为

$$m = \frac{m_0}{\sqrt{1 - \dfrac{v^2}{c^2}}}$$

在观察者坐标系中立方体的密度为

$$\rho = \frac{m}{V} = \frac{m_0}{\sqrt{1 - \dfrac{v^2}{c^2}}} \cdot \frac{1}{V_0 \sqrt{1 - \dfrac{v^2}{c^2}}} = \frac{m_0}{V_0} \frac{1}{1 - \dfrac{v^2}{c^2}}$$

授课章节	第十五章 量子物理 15.1 黑体辐射 普朗克能量子假设；15.2 光电效应 光的波粒二象性； 15.3 康普顿效应
目的要求	理解黑体辐射及普朗克能量子假设；理解光电效应的实验规律及波粒二象性
重点难点	爱因斯坦光子理论对光电效应和康普顿效应的解释

主要内容

一、普朗克能量子假设

普朗克能量子假设的具体内容如下：

（1）把构成黑体的原子、分子看成带电的线性谐振子；

（2）频率为 ν 的谐振子具有的能量只能是最小能量（能量子）$h\nu$ 的整数倍，即 $E = nh\nu$（$n = 1, 2, \cdots$），式中 n 称为量子数，$h = 6.626 \times 10^{-34}$ J·s 为普朗克常量；

（3）谐振子与电磁场交换能量时，即在发射或吸收电磁波时，能量是量子化的，是一份一份的。

普朗克能量子假设与经典物理学理论有根本性的矛盾，因为根据经典物理学理论，谐振子的能量是不应受任何限制的，能量被吸收或发射也是连续进行的，但按照普朗克能量子假设，谐振子的能量是量子化的，即它们的能量是能量子 $h\nu$ 的整数倍。普朗克能量子假设与经典物理学理论不相容，但是它能够很好地解释黑体辐射等实验，此假设为现代量子理论的开端。

二、爱因斯坦光子理论

光子：光是以光速运动的粒子流中的粒子。

光子的能量表达式为

$$\varepsilon = h\nu$$

光强（I）：单位时间内通过垂直于光子运动方向的单位面积的 N 个光子的能量。光强 I 的表达式为

$$I = Nh\nu$$

三、光电效应的实验规律

光电效应的实验规律为：

（1）单位时间内从金属阴极逸出的光电子数目与入射光的光强成正比；

（2）光电子的最大初动能与入射光的光强无关，与入射光的频率呈线性关系；

（3）存在截止频率（红限频率），入射光的频率大于红限频率时才会有光电效应；

（4）具有瞬时性，无须时间积累，弛豫时间小于 10^{-9} s。

四、爱因斯坦光电效应方程

爱因斯坦光电效应方程为：$h\nu = \dfrac{1}{2}mv_{\mathrm{m}}^2 + W$，其中 W 为逸出功，$\dfrac{1}{2}mv_{\mathrm{m}}^2$ 为最大初动能。

红限频率 ν_0 与逸出功的关系为：$h\nu_0 = W$。

遏止电压 U_{a} 与最大初动能的关系为：$\dfrac{1}{2}mv_{\mathrm{m}}^2 = eU_{\mathrm{a}}$，其中 e 为电子电荷。

注意，应用爱因斯坦光电效应方程解题时，重要的是弄清逸出功、红限频率、遏止电压等概念，计算时用光子能量公式、逸出功与红限频率的关系，光电子初动能和遏止电压的关系等联合求解。

五、光的波粒二象性

光既具有波动性，又具有粒子性，光的这种波动性与粒子性并存的性质称为光的波粒二象性。光在一定条件下（干涉、衍射、偏振等）显示波动性的一面，在另一些条件下（光电效应、康普顿效应等）显示粒子性的一面。描述波动性的物理量是波长、频率，描述粒子性的物理量是质量、动能和动量。

光子的能量为 $\varepsilon = h\nu$，光子的动量为 $p = \dfrac{h}{\lambda} = \dfrac{h\nu}{c}$，光子的质量为 $m = \dfrac{h\nu}{c^2}$（光子的静止质量为零）。

六、康普顿效应

1. 康普顿效应

散射线中除了有波长与入射线波长 λ_0 相同的射线外，还有波长大于入射线波长（$\lambda > \lambda_0$）的射线，即波长移向长波的散射。

2. 康普顿效应的实验规律

（1）波长增量 $\Delta\lambda = \lambda - \lambda_0$，其随衍射角 φ 的增大而增大，而与散射物质无关。根据能量守恒、动量守恒和相对论关系，可得康普顿散射公式为

$$\Delta\lambda = \lambda - \lambda_0 = \frac{h}{m_0 c}(1 - \cos\varphi) = \frac{2h}{m_0 c}\sin^2\frac{\varphi}{2}$$

康普顿波长为：$\dfrac{h}{m_0 c} = 2.43 \times 10^{-12}$ m，m_0 是电子静止质量。

（2）波长变长（即波长为 λ）的散射光强与散射物质有关，随散射物质的原子序数增加（即质量增加）而减弱。

3. 康普顿效应的光子理论解释

X 射线光子质量与静止电子的质量差别不大，在与散射物质中的电子发生碰撞时，光子沿某一方向散射，入射光子把一部分能量传给电子，使散射光子的能量降低，波长变长。

4. 康普顿效应的能量关系

散射光能量损失使反冲电子获得动能，具体表达式为

$$E_k = \frac{hc}{\lambda_0} - \frac{hc}{\lambda} = mc^2 - m_0 c^2$$

5. 光电效应与康普顿效应的异同点

光电效应与康普顿效应的异同如下。

相同点：都是单个光子与单个电子间的相互作用，证实了光的粒子性。

不同点：光电效应中入射光为可见光，光子能量较低、质量较小，金属中的电子处于束缚状态，碰撞时电子吸收光子的能量，可看作完全非弹性碰撞，不需要考虑相对论效应；康普顿效应中入射光子为能量较高的 X 射线，其质量与电子静止质量差别不大，所以散射物质中的电子可当作自由电子处理，与光子发生完全弹性碰撞，同时要考虑相对论效应。

例题精解

例题 15-1　在瓷碟上面放一朵白花和一片黑叶，白花和黑叶面积相等，问：

（1）在阳光下，哪一个吸收可见光多？为什么黑叶没有白花亮？

（2）如果将瓷碟放在黑暗处，黑叶并不发光，为什么说它辐射的能量多呢？

（3）如把瓷碟加热到能发出光时，再拿到黑暗处，问黑叶和白花中哪一个较亮？

解　（1）在阳光下，白花反射可见光多，而吸收得少，因此看起来是白色的；黑叶吸收多而反射少，所以黑叶没有白花亮。

（2）放在黑暗处，黑叶辐射的能量比白花多，但因瓷碟本身的温度低，辐射的总能量少，尤其对于可见光区域则更少。温度较低时，相当于最大辐出度的峰值波长在红外部分。要分清辐射的能量多，并不一定等于辐射可见光的能量多。

（3）在较高温度时，黑叶辐射的可见光多于白花，因而将看到黑叶比白花亮。

例题 15-2　波长 450 nm 的单色光射到纯钠的表面上，钠的逸出功为 2.28 eV，求：

（1）这种光的光子能量和动量；

（2）光电子逸出钠表面时的动能；

（3）若光子的能量为 2.40 eV，其波长为多少？

解　（1）已知光的波长与频率的关系为 $\nu = c/\lambda$，所以光子的能量为

$$E = h\nu = \frac{hc}{\lambda}$$

将已知数据代入上式，得

$$E = \frac{6.626 \times 10^{-34} \times 3.0 \times 10^8}{450 \times 10^{-9}} \text{J} \approx 4.42 \times 10^{-19} \text{J}$$

如以 eV 为能量单位，则

$$E = \frac{4.42 \times 10^{-19}}{1.6 \times 10^{-19}} \text{ eV} \approx 2.76 \text{ eV}$$

光子的动量为

$$p = \frac{h}{\lambda} = \frac{E}{c} = \frac{4.42 \times 10^{-19}}{3 \times 10^8} \text{ kg} \cdot \text{m} \cdot \text{s}^{-1} \approx 1.47 \times 10^{-27} \text{ kg} \cdot \text{m} \cdot \text{s}^{-1}$$

（2）由爱因斯坦方程，有

$$\frac{1}{2} mv^2 = h\nu - W = (2.76 - 2.28) \text{ eV} = 0.48 \text{ eV}$$

（3）光子能量为 2.40 eV，其波长为

$$\lambda = \frac{hc}{E} = \frac{6.626 \times 10^{-34} \times 3.0 \times 10^8}{2.4 \times 1.6 \times 10^{-19}} \text{ m} \approx 5.20 \times 10^{-7} \text{ m}$$

例题 15-3　钠的红限波长为 5×10^{-7} m，用波长为 4×10^{-7} m 的光照射在钠上，遏止电压等于多少？

解　由
$$\begin{cases} \dfrac{1}{2} mv_m{}^2 = h\nu - W \\ \dfrac{1}{2} mv_m^2 = eU_a \end{cases}$$
得

$$U_a = \frac{1}{e}(h\nu - W) = \frac{1}{e}\left(h\frac{c}{\lambda} - h\frac{c}{\lambda_0}\right) = \frac{hc}{e}\left(\frac{1}{\lambda} - \frac{1}{\lambda_0}\right)$$

$$= \frac{6.626 \times 10^{-34} \times 3 \times 10^8}{1.6 \times 10^{-19}}\left(\frac{1}{4 \times 10^{-7}} - \frac{1}{5 \times 10^{-7}}\right) \text{ V}$$

$$\approx 0.62 \text{ V}$$

例题 15-4　$\lambda = 1 \times 10^{-10}$ m 的 X 射线在碳块上散射，在散射角 $\varphi = 90°$ 的方向去看这散射光，试求：

（1）康普顿位移量 $\Delta\lambda$ 有多大？

（2）康普顿效应产生的频率改变量有多大？

（3）分配给这个反冲电子的动能有多大？

解　（1）据康普顿散射波长公式 $\Delta\lambda = 2\dfrac{h}{m_0 c}\sin^2\dfrac{\varphi}{2}$，取 $\varphi = 90°$，得康普顿位移量为

$$\Delta\lambda = \frac{h}{m_0 c} = \frac{6.626 \times 10^{-34}}{9.1 \times 10^{-31} \times 3 \times 10^8} \text{ m} \approx 2.43 \times 10^{-12} \text{ m}$$

（2）频率改变量可按 $\dfrac{\Delta\nu}{\nu} = -\dfrac{\Delta\lambda}{\lambda}$ 来计算，即

$$\Delta\nu = -\frac{\Delta\lambda}{\lambda}\nu = \frac{\Delta\lambda}{\lambda^2}c = -\frac{2.43 \times 10^{-12}}{(1 \times 10^{-10})^2} \times 3 \times 10^8 \text{ Hz} \approx -7.29 \times 10^{16} \text{ Hz}$$

（3）当X射线和散射物质中自由电子作用时，能量应守恒，即入射光子能量 $h\nu$ 加静止电子能量 m_0c^2 应等于散射光子能量 $h\nu'$ 加反冲电子能量 mc^2。而根据相对论，$(m - m_0)c^2$ 即为反冲电子的动能，所以反冲电子的动能为

$$(m - m_0)c^2 = h\nu - h\nu' = h\left(\frac{c}{\lambda} - \frac{c}{\lambda + \Delta\lambda}\right) = \frac{hc\Delta\lambda}{\lambda(\lambda + \Delta\lambda)}$$

$$= \frac{(6.626 \times 10^{-34}) \times 3 \times 10^8 \times (2.43 \times 10^{-12})}{(1 \times 10^{-10}) \times (1 + 0.024\,3) \times 10^{-10}} \text{ J}$$

$$\approx 4.72 \times 10^{-17} \text{ J}$$

入射光子能量为 $h\nu = 6.626 \times 10^{-34} \times \dfrac{3 \times 10^8}{1 \times 10^{-10}} \text{ J} \approx 1.99 \times 10^{-15} \text{ J}$，反冲电子动能为

$4.72 \times 10^{-17} \text{ J}$，故在碰撞中光子能量损失为 $\dfrac{4.72 \times 10^{-17}}{1.99 \times 10^{-15}} \approx 2.4\%$。

例题 15-5 已知 X 射线的能量为 0.06 MeV，受康普顿散射后，试求：

（1）在散射角为 $\dfrac{\pi}{2}$ 的方向上，X 射线波长为多少？

（2）反冲电子动能为多少？

解 （1）入射 X 射线波长为

$$\lambda_0 = \frac{hc}{\varepsilon_0}$$

$$= \frac{6.626 \times 10^{-34} \times 3 \times 10^8}{0.06 \times 10^6 \times 1.6 \times 10^{-19}} \text{ m}$$

$$\approx 2.07 \times 10^{-11} \text{ m}$$

波长增量 $\Delta\lambda$ 为

$$\Delta\lambda = \lambda - \lambda_0 = \frac{2h}{m_0 c}\sin^2\frac{\varphi}{2} = \frac{2 \times 6.626 \times 10^{-34}}{9.1 \times 10^{-31} \times 3 \times 10^8}\sin^2\frac{\pi}{4} \text{ m}$$

$$\approx 0.24 \times 10^{-11} \text{ m}$$

于是，在散射角为 $\dfrac{\pi}{2}$ 的方向上，X 射线波长为

$$\lambda = \lambda_0 + \Delta\lambda = 2.31 \times 10^{11} \text{ m}$$

（2）反冲电子获得的动能就是散射光子损失的能量，即

$$E_k = E - E_0 = h\nu_0 - h\nu$$

$$= 6.626 \times 10^{-34} \times 3 \times 10^8 \times \left(\frac{1}{2.07 \times 10^{-11}} - \frac{1}{2.31 \times 10^{-11}}\right) \text{ J}$$

$$\approx 9.97 \times 10^{-16} \text{ J}$$

$$= 6.23 \times 10^3 \text{ eV}$$

综合习题（一）

第七章　恒定磁场

7-1　载流导线如图 1 所示，圆心 O 处的磁感应强度 $\boldsymbol{B}$ 的大小和方向为（　　）。

A）大小为 $\dfrac{\mu_0 I}{4R}$，方向垂直于纸面向外

B）大小为 $\dfrac{\mu_0 I}{8R}$，方向垂直于纸面向内

C）大小为 $\dfrac{\mu_0 I}{8R}$，方向垂直于纸面向外

D）大小为 $\dfrac{3\mu_0 I}{8R}$，方向垂直于纸面向内

图 1

7-2　如图 2 所示，两圆环导线半径均为 R，平行地共轴放置，两圆心 O_1、O_2 相距为 a，所载电流均为 I，且电流方向相同，则 O_1O_2 连线中点 O 处磁感应强度 $\boldsymbol{B}$ 的大小为_____，方向为_____。

图 2

7-3　如图 3 所示，宽为 a 的长直薄金属板，处于 xOy 平面内，设金属板通以电流 I，电流均匀分布，则点 P 处磁感应强度 $\boldsymbol{B}$ 的大小为（　　）。

A）$\dfrac{\mu_0 I}{2\pi(a+b)}$

B）$\dfrac{\mu_0 I}{2\pi b}\ln\dfrac{a+b}{a}$

图 3

C) $\dfrac{\mu_0 I}{2\pi a}\ln\dfrac{a+b}{b}$

D) $\dfrac{\mu_0 I}{2\pi\left(\dfrac{a}{2}+b\right)}$

7-4 如图 4 所示，两根导线沿半径方向引到铁环上的 A、B 两点，并在很远处与电源相连，则环中心 O 处的磁感应强度 B 为_____。

图 4

7-5 如图 5 所示，在真空中，电流由长直导线①沿底边 ac 方向经点 a 流入电阻均匀的正三角形线框，再由点 b 沿平行底边 ac 的方向流出，经长直导线②返回电源。如果三角形边长为 l，求三角形中心 O 处的磁感应强度 B 的大小。

图 5

7-6 如图 6 所示，在半径为 R 的无限长半圆柱形金属薄片中自下而上通以电流 I，求圆柱轴线上任一点 P 的磁感应强度 B 的大小。

图 6

7-7 磁感应强度为 B 的匀强磁场与半径为 r 的圆形的法向量 n 的夹角为 α（见图7），现以圆周为边线作一半球面 S，S 与圆形平面组成封闭曲面，则通过 S 的磁通量为（　　）。

图7

A) $\pi r^2 B$

B) $2\pi r^2 B$

C) $-\pi r^2 B\sin \alpha$

D) $-\pi r^2 B\cos \alpha$

7-8 取一闭合积分回路 L，使3根载流导线穿过它所围成的面。现在改变3根导线之间的相互间隔，但不越出积分回路，则（　　）。

A) 回路 L 内的 $\sum I$ 不变，L 上各点的 B 不变

B) 回路 L 内的 $\sum I$ 不变，L 上各点的 B 改变

C) 回路 L 内的 $\sum I$ 改变，L 上各点的 B 不变

D) 回路 L 内的 $\sum I$ 改变，L 上各点的 B 改变

7-9 如图8所示，两矩形面积分别为 S_1、S_2，与长直载流导线共面，则通过 S_1 和 S_2 的磁通量之比为＿＿＿＿＿＿＿＿。

图8

7-10 如图9所示，两个半径分别为 R_1、R_2 的长直同轴金属圆柱面，通以大小相等方向相反的电流 I，则两圆柱面间磁感应强度 B 的大小为_____，通过阴影部分的磁通量为_____。

图 9

7-11 已知一匀强磁场，其磁感应强度大小为 2.0 T，方向沿 x 轴正方向，如图 10 所示，试求：

（1）通过图中 $abOc$ 面的磁通量 Φ_{abOc}；

（2）通过图中 $bedO$ 面的磁通量 Φ_{bedO}；

（3）通过图中 $acde$ 面的磁通量 Φ_{acde}。

图 10

7-12 一匀强磁场，其磁感应强度的方向垂直于纸面向外，两带电粒子在该磁场中的运动轨迹如图 11 所示，则（   ）。

图 11

A）两粒子的电荷必然同号

B）粒子的电荷可以同号也可以异号

C）两粒子的动量大小必然不同

D）两粒子的运动周期必然不同

7-13 一电流元 Idl 在磁场中某一点处（设该点为笛卡尔坐标系原点），当该电流元方向取 x 轴正方向时，不受力；当电流元方向取 y 轴正方向时，受力方向为 z 轴正方向。则该点处磁感应强度的方向为（   ）。

A）y 轴正方向   B）y 轴负方向

C）x 轴负方向   D）z 轴负方向

7-14 如图 12 所示，在同一平面内 3 条无限长导线依次等距排列，分别载有电流1 A、2 A 和 3 A，则导线①与导线②受力之比 $F_1 : F_2$ 为（   ）。

A）7 ∶ 16   B）5 ∶ 8

C）7 ∶ 8   D）5 ∶ 4

图 12

7-15 如图 13 所示，在真空中有一半径为 a 的 3/4 圆弧形导线，其中通以稳恒电流 I，导线置于磁感应强度为 B 的匀强磁场中，且 B 与导线所在平面垂直，则该圆弧载流导线 bc 所受的安培力大小为_____。

图 13

7–16　电场强度为 E 的匀强电场和磁感应强度为 B 的匀强磁场相互垂直（见图14），若使电子在该区域中做匀速直线运动，则电子运动速度的方向为_____。

图 14

7–17　如图 15 所示，载有电流为 I 的金属导体置于磁感应强度为 B 的匀强磁场中，则金属上表面将积累_____电荷；_____表面电势高。

图 15

7–18　载有电流 I_2 的直角三角形线框，与载有电流 I_1 的长直导线共面（见图16），试求 I_1 产生的磁场对线框 3 个边作用力 F_{AB}、F_{BC}、F_{CA} 的大小及方向。

图 16

7-19 用相对磁导率 μ_r 表征磁介质的特性时，下列正确的是（　　）。

A）顺磁质 $\mu_r > 0$，抗磁质 $\mu_r < 0$，铁磁质 $\mu_r \gg 1$

B）顺磁质 $\mu_r > 1$，抗磁质 $\mu_r = 1$，铁磁质 $\mu_r \gg 1$

C）顺磁质 $\mu_r > 1$，抗磁质 $\mu_r < 1$，铁磁质 $\mu_r \gg 1$

D）顺磁质 $\mu_r > 0$，抗磁质 $\mu_r < 0$，铁磁质 $\mu_r > 1$

7-20 横截面为圆形的螺绕环是用导线均匀密绕在横截面半径为 4 mm、相对磁导率为 300 的铁芯上制成的，环的平均半径为 15 mm，环上均匀密绕着 200 匝线圈。当线圈导线通以 25 mA 的电流时，通过铁芯某个截面的磁通量为（　　）。

A）0.2 Wb

B）1.0×10^{-6} Wb

C）3.9×10^{-6} Wb

D）2.5×10^{-7} Wb

7-21 如图 17 所示，3 条 B-H 关系曲线分别表示 3 种不同磁介质的磁感应强度和磁场强度的关系，虚线为 $B = \mu_0 H$ 的关系曲线，则_____表示顺磁质，_____表示抗磁质，_____表示铁磁质。

图 17

7-22 无限长圆柱形导线外包一层相对磁导率为 μ_r 的圆筒形磁介质，导线半径为 R_1，介质圆筒外半径为 R_2，导线内通以电流 I（在截面上均匀分布）。试求下列区域内的磁场强度和磁感应强度分布：（1）$r < R_1$；（2）$R_1 < r < R_2$；（3）$r > R_2$。

7-23 如图 18 所示，同轴电缆内层是半径为 R_1 的导体圆柱，外层是半径为 R_2 和 R_3 的导体圆筒，两导体内的电流 I 等值反向，均匀分布在横截面上，导体的相对磁导率为 μ_{r1}，导体间充满相对磁导率为 μ_{r2} 的不导电均匀磁介质，求磁场强度和磁感应强度在各区域的分布。

图 18

第八章　电磁感应　电磁场

8-1 如图 19 所示，直角三角形金属框架 abc 放在匀强磁场中，磁感应强度 B 平行于 ab 边，bc 边的长度为 l。当金属框架绕 ab 边以角速度 ω 匀速转动时，abc 回路中的感应电动势 ε_i 和 a、c 两点间的电势差 V_a-V_c 为（　　）。

图 19

A）0，$B\omega l^2$

B）0，$-B\omega l^2/2$

C）$B\omega l^2$，$B\omega l^2/2$

D）$B\omega l^2$，$B\omega l^2$

8-2 在无限长的载流直导线附近放置一矩形闭合线圈，开始时线圈与导线在同一平面内，且线圈中两条边与导线平行，当线圈以相同的速率做如图 20 所示的 3 种不同方向平动时，线圈中的感应电流（　　）。

A）情况 Ⅰ 中最大　　　　　　　B）情况 Ⅱ 中最大

C）情况 Ⅲ 中最大　　　　　　　D）情况 Ⅰ 和 Ⅱ 相同

图 20

8-3 如图 21 所示，一根长为 L 的金属细杆 ab 绕竖直轴 O_1O_2 以角速度 ω 在水平面内匀速转动，O_1O_2 在离细杆 a 端 $L/5$ 处。若已知地磁场的磁感应强度在竖直方向的分量为 B，则 ab 两端间的电势差为_____。

图 21

8-4 两相互平行且无限长的直导线载有大小相等方向相反的电流，长度为 b 的金属杆 CD 与导线共面且垂直，相对位置如图 22 所示，CD 杆以平行于直线电流的速度 v 运动。（1）求 CD 杆中的感应电动势；（2）判断 C、D 两点中哪点电势较高。

图 22

8-5 如图 23 所示，一长直载流导线载有电流 I，在它的旁边有一段直导线 AB（$AB = L$），长直载流导线与直导线在同一平面内，夹角为 θ。直导线 AB 以速度 v（v 的方向垂直于载流导线）运动。已知 $I = 100$ A，$v = 5.0$ m/s，$\theta = 30°$，$a = 2$ cm，$L = 16$ cm。试求：（1）位置 AB 导线的感应电动势 ε；（2）A 和 B 两点中哪点电势较高。

图 23

8-6 如图 24 所示，一长度为 a、宽度为 b、电阻为 R 的矩形导体回路临近有一载有电流 I 的无限长导线，从长导线到该回路中心的距离为 d。若通电导线中电流 $I=10\cos(10t)$，求线圈中的感应电动势。

图 24

8-7 将形状完全相同的铜环和木环静止放置，并使通过两环面的磁通量随时间的变化率相等，则（ ）。

A）铜环中有感应电动势，木环中无感应电动势

B）铜环中感应电动势大，木环中感应电动势小

C）铜环中感应电动势小，木环中感应电动势大

D）两环中感应电动势相等

8-8 两个具有相同长度和匝数的长直密绕螺线管，截面半径分别为 R_1 和 R_2，螺线管内充满均匀介质，其磁导率分别为 μ_1 和 μ_2，设 $R_2=2R_1$，$\mu_1=2\mu_2$，若将两螺线管串联并且通上电流，经过一段足够长的时间后，两螺线管的自感系数 L_1、L_2 和磁场能量 W_{m1}、W_{m2} 满足条件（ ）。

A）$L_1=L_2$ 和 $W_{m1}=W_{m2}$

B）$L_1=\dfrac{1}{2}L_2$ 和 $W_{m1}=W_{m2}$

C）$L_1=\dfrac{1}{2}L_2$ 和 $W_{m1}=\dfrac{1}{2}W_{m2}$

D）$L_1=2L_2$ 和 $W_{m1}=2W_{m2}$

8-9 真空中两根很长的、相距为 $2a$ 的平行直导线与电源组成闭合回路（见图 25），已知导线中的电流为 I，则在两导线正中间某点 P 处的磁场能量密度为（ ）。

A）$\dfrac{1}{\mu_0}\left(\dfrac{\mu_0 I}{2\pi a}\right)^2$

B）$\dfrac{1}{2\mu_0}\left(\dfrac{\mu_0 I}{2\pi a}\right)^2$

C）$\dfrac{1}{2\mu_0}\left(\dfrac{\mu_0 I}{\pi a}\right)^2$

D）0

图 25

8-10　两个通有电流的平面圆线圈相距不远，如果要使其互感系数近似为零，则应调整线圈的取向，使（　　　）。

A）两线圈平面都平行于两圆心的连线

B）两线圈平面都垂直于两圆心的连线

C）两线圈中电流方向相反

D）一个线圈平面平行于两圆心的连线，另一个线圈平面垂直于两圆心的连线

8-11　有一单层密绕的螺线管，长为 0.25 m，横截面积为 $5×10^{-4}$ m^2，绕有线圈 2 500 匝，电流为 0.2 A，求线圈内的磁场能量 W_m。

8-12　一圆柱形长直载流导线中各处电流密度相等，总电流为 I，试计算每单位长度导线内储藏的磁场能量。

第十一章　光学

11-1　如图 26 所示，一平面单色光波垂直照射在厚度均匀的薄油膜，设油膜覆盖在玻璃板上，油折射率为 1.30，玻璃折射率为 1.50，若单色光的波长可由波源连续可调，可观察到 5×10^{-7} m 与 7×10^{-7} m 这两个波长的单色光在反射中消失，则油膜的厚度 e 为_____。

图 26

11-2　如图 27 所示，折射率为 n_2、厚度为 e 的透明介质薄膜的上方和下方的透明介质的折射率分别为 n_1 和 n_3，已知 $n_1 < n_2 < n_3$。若用波长为 λ 的单色平行光垂直入射到该薄膜上，则从薄膜上、下两表面反射的光束①与②的光程差是（　　）。

A）$2n_2 e$

B）$2n_2 e - \dfrac{\lambda}{2}$

C）$2n_2 e - \lambda$

D）$2n_2 e - \dfrac{\lambda}{2n_2}$

图 27

11-3　在玻璃（折射率 $n_3 = 1.60$）表面镀一层 MgF_2（折射率 $n_2 = 1.38$）薄膜作为增透膜，为了使波长为 5×10^{-7} m 的光从空气（折射率 $n_1 = 1.00$）正入射时尽可能少反射，MgF_2 薄膜的最小厚度是（　　）。

A）1.25×10^{-7} m

B）1.81×10^{-7} m

C）2.5×10^{-7} m

D）7.81×10^{-7} m

E）9.06×10^{-8} m

11-4　在空气中有一劈尖形透明物，其劈尖角 $\theta = 1.0 \times 10^{-4}$ rad，在波长 $\lambda = 7 \times 10^{-7}$ m 的单色光垂直照射下，测得两相邻干涉明条纹间距 $l = 0.25$ cm，此透明材料的折射率 n 为_____。

11-5 如图 28 所示，用波长为 500 nm 的单色光垂直照射到由两块光学平玻璃构成的空气劈尖上，在观察反射光的干涉现象中，距离劈尖棱边 $l = 1.56$ cm 的 A 处是从棱边算起的第四条暗条纹中心。试求：

（1）此空气劈尖的劈尖角 θ。

（2）若改用 600 nm 的单色光垂直照射到此劈尖上，仍观察反射光的干涉条纹，A 处是明条纹还是暗条纹？

（3）在问题（2）的情形下，从棱边到 A 处的范围内共有几条明条纹？几条暗条纹？

图 28

11-6 白光垂直照射到空气中一厚度为 $e = 3.8 \times 10^{-7}$ m 的油膜上，油折射率为 $n = 1.30$，在可见光的范围内（$3.5 \times 10^{-7} \sim 7.7 \times 10^{-7}$ m），哪些波长的光在反射中增强？

11-7 如图 29 所示，波长为 $\lambda = 4.8 \times 10^{-7}$ m 的平行光垂直照射到宽度为 $a = 0.40$ mm 的单缝上，单缝后透镜的焦距为 $f = 60$ cm，当单缝两边缘点 A、B 射向点 P 的两条光线在点 P 的相位差为 π 时，点 P 离透镜焦点 O 的距离等于_____。

图 29

11-8 在夫琅禾费单缝衍射实验中，波长为 λ 的单色光垂直入射在宽度为 $a = 4\lambda$ 的单缝上，若衍射角 φ 为 30°，则单缝处波振面可分成的半波带数目为_____。

11-9 在夫琅禾费单缝衍射实验中，将单缝宽度 a 稍稍变宽，同时使单缝沿 y 轴正方向进行微小位移，则屏幕上的中央衍射条纹将（   ）。

A）变窄，同时向上移   B）变窄，同时向下移

C）变窄，不移动   D）变宽，不移动

11-10 He-Ne 激光器发出 $\lambda = 6.328 \times 10^{-7}$ m 的平行光束，垂直照射到一单缝上，在距单缝 3 m 远的屏上观察夫琅禾费衍射图样，测得两个第二级暗纹间的距离是 10 cm，则单缝的宽度 $a =$_____。

11-11 将平行光垂直入射于单缝上，观察夫琅禾费衍射图样。若屏上点 P 处为第二级暗条纹，则单缝处波振面可相应地划分为_____个半波带；若将单缝宽度缩小一半，点 P 将是_____级_____条纹。

11-12 在夫琅禾费单缝衍射实验中，垂直入射的光有两种波长：$\lambda_1 = 4 \times 10^{-7}$ m，$\lambda_2 = 7.6 \times 10^{-7}$ m。已知单缝宽度 $a = 1.0 \times 10^{-2}$ cm，透镜焦距 $f = 50$ cm，求这两种光第一级衍射明条纹中心之间的距离。

11-13 波长为 6.6×10^{-7} m 的单色光垂直入射到缝宽为 $a = 0.1$ mm 的单缝上，透镜焦距 $f = 1.5$ m，屏在透镜的焦平面处，观察夫琅禾费衍射图样，求：（1）中央衍射明条纹的宽度；（2）第二级暗条纹到透镜焦点的距离。

第十四章　相对论

14-1　由狭义相对论的基本原理可知，在不同惯性系中，任一物理定律的形式_____；在不同的惯性系中测得真空中的光速_____；狭义相对论的时空观的数学表达式是_____变换。

14-2　有下列几种说法：（1）所有惯性系的物理基本规律都是等价的；（2）在真空中，光的速率与光的频率、光源的运动状态无关；（3）在任何惯性系中，光在真空中沿任何方向的传播速率都相同。其中正确的是（　　）。

A）只有（1）、（2）　　　　　　　　B）只有（1）、（3）

C）只有（2）、（3）　　　　　　　　D）（1）、（2）、（3）

14-3　设火箭上有一天线，长 $l' = 1$ m，以 45°夹角伸出火箭体外，火箭沿水平方向以 $\frac{\sqrt{3}}{2}c$ 的速率飞行，如图 30 所示，问：（1）地面上的观察者测得的天线长度是多少？（2）天线与火箭体的夹角 θ 是多少？

图 30

14-4　一质地均匀的正方形薄板，质量为 m_0，边长为 a。假定该板沿一边方向以速率 v 对地面高速运动，则地面上的人测得此板的密度为（　　）。

A）$\frac{m_0}{a^2}\sqrt{1-v^2/c^2}$　　　　　　　　B）$\frac{m_0}{a^2\sqrt{1-v^2/c^2}}$

C）$\frac{m_0}{a^2\,(1-v^2/c^2)}$　　　　　　　　D）$\frac{m_0}{a^2\,(1-v^2/c^2)^{3/2}}$

14-5　有两个相对运动的惯性系，对于在同一个惯性系中的相对运动方向上坐标不同的两地同时发生的事件 1 和 2，则在另一个惯性系测得两个事件（　　）。

A）同时发生　　　　　　　　　　B）不同时发生

C）事件 1 先发生　　　　　　　　D）事件 2 先发生

14-6 设 S' 系相对于 S 系以速率 $0.8c$ 沿 x 轴正方向运动，在 S' 系中测得两个事件的空间间隔为 $\Delta x' = 300$ m，时间间隔为 $\Delta t' = 1.0 \times 10^{-6}$ s，求在 S 系中测得两个事件的空间间隔和时间间隔。

14-7 π^+ 介子是不稳定的，它在衰变之前存在的平均寿命（相对于它所在的参照系）约为 2.6×10^{-8} s。如果 π^+ 介子相对于实验室运动的速率为 $0.8c$，那么：（1）在实验室中测得它的平均寿命是＿＿＿＿＿＿＿＿＿＿＿＿＿＿＿＿；（2）衰变之前在实验室中测得它的运动距离是＿＿＿＿＿＿＿＿＿＿＿。

14-8 从地球测得地球到最近的恒星半人马座 α 星的距离是 4.3×10^{16} m，设一宇宙飞船以速率 $0.999c$ 从地球飞向该星。则有：

（1）飞船中的观察者测得地球和该星间的距离为＿＿＿＿＿＿＿＿＿＿＿＿＿；

（2）按地球上的时间计算，飞船往返一次的时间为＿＿＿＿＿＿＿＿＿＿＿＿＿；

（3）以飞船上的时间计算，往返一次的时间为＿＿＿＿＿＿＿＿＿＿＿＿＿。

14-9 观察者甲以速率 $0.8c$（c 为真空中光速）相对于静止的观察者乙运动，若甲携带一质量为 1 kg 的物体，求：（1）甲测得此物体的总能量为多少？（2）乙测得此物体的总能量为多少？

14-10　一高速电子的总能量是静止能量的 N 倍，此时电子的速率为（　　）。

A）Nc

B）$\dfrac{c}{N}$

C）$\dfrac{c}{N}\sqrt{1-N^2}$

D）$\dfrac{c}{N}\sqrt{N^2-1}$

14-11　要使一粒子的速率从 $\dfrac{3}{5}c$ 增大至 $\dfrac{4}{5}c$，则需要对它做的功是静止能量的（　　）倍。

A）$\dfrac{5}{12}$

B）$\dfrac{7}{50}$

C）$\dfrac{1}{5}$

D）$\dfrac{5}{3}$

14-12　一电子以 $v=0.99c$ 的速率运动，试求：（1）电子的总能量；（2）电子的经典力学动能与相对论动能之比（电子静止质量 $m_e=9.11\times10^{-31}$ kg）。

综合习题（二）

第七章　恒定磁场

7-1　将无限长导线弯成如图 1 所示的形状并通以电流 I，则圆心 O 处磁感应强度 B 的大小为（　　）。

A) $\dfrac{\mu_0 I}{2R}(1+\pi)$

B) $\dfrac{\mu_0 I}{2R}\left(1+\dfrac{1}{\pi}\right)$

C) $\dfrac{\mu_0 I}{2R}\left(\dfrac{1}{2}+\dfrac{1}{\pi}\right)$

D) $\dfrac{\mu_0 I}{2R}\left(\dfrac{1}{4}+\dfrac{1}{\pi}\right)$

图 1

7-2　如图 2 所示，一条无限长载流直导线，电流为 I，在一处折成直角，点 P 在折线的延长线上，其到折点的距离为 a，则点 P 处磁感应强度 B 的大小为＿＿＿＿＿＿，方向为＿＿＿＿＿＿。

图 2

7-3　如图 3 所示的载流导线，电流 I 由点 a 进入圆形导线，又从点 b 流出，则点 O 处磁感应强度 B 的大小为＿＿＿＿＿，方向为＿＿＿＿＿。

图 3

7-4 现有一长为 L、均匀带电荷量 Q 的细杆以速度 v 沿 X 轴正方向运动，当细杆运动至与 Y 轴重合位置时，细杆下端点与坐标原点相距为 a（见图 4），求点 O 处的磁感应强度 $\boldsymbol{B}$。

图 4

7-5 半径为 R 的均匀带电半圆弧，带电荷量为 Q，以角速度 ω 绕轴 $O'O$ 匀速转动（见图 5），求点 O 处的磁感应强度 $\boldsymbol{B}$。

图 5

7-6 如图 6 所示，一个内外半径分别为 a 和 b 的均匀带电薄圆环，绕通过环心并与环平面垂直的轴以角速度 ω 匀速转动，设圆环带电荷量为 Q，求环心处的磁感应强度 $\boldsymbol{B}$。

图 6

7-7　无限长载流直导线产生的磁场的磁感应强度的大小为 $B=\mu_0 I/(2\pi r)$，以下说法中正确的是（　　）。

A）此公式中要求导线为直导线

B）此公式中要求导线为无限长，且横截面必须为圆形

C）当 $r=0$ 时，此公式不适用，因为此时磁感应强度为无限大

D）当 $r=0$ 时，此公式不适用，因为此时场点到导线的距离不是远大于导线的截面尺寸，导线不能看成无限细

7-8　无限长载流空心圆柱体的内外半径分别为 a、b，电流在导体截面上均匀分布，则下列选项中正确表示空间各处磁感应强度 $\boldsymbol{B}$ 的大小与场点到圆柱中心轴线的距离 r 之间的定性关系的是（　　）。

A）　　　　　　　B）　　　　　　　C）　　　　　　　D）

7-9　将半径为 R 的无限长载流圆柱面沿轴向割出一宽为 h（$h\ll R$）的无限长狭缝后，再沿轴向均匀通以电流，电流面密度为 i（见图7），则轴线上任一点磁感应强度 $\boldsymbol{B}$ 的大小为＿＿＿＿＿＿＿＿。

图7

7-10　如图8所示，有一长直导体圆管，内外半径分别为 R_1 和 R_2，它所载的电流 I_1 均匀分布在其横截面上。导体旁边有一无限长的绝缘直导线，载有电流 I_2，且在中部绕了一个半径为 R 的圆环。设导体管的轴线与长直导线平行，相距为 d，而且它们与导线圆圈共面，求圆心 O 处的磁感应强度 $\boldsymbol{B}$ 的大小。

图8

7-11 一矩形截面的空心环形螺线管，尺寸如图9所示，其上缠有 N 匝线圈，通以电流 I，试求：（1）管内距轴线为 r 处的磁感应强度 $\boldsymbol{B}$ 的大小；（2）通过螺线管截面的磁通量 $\boldsymbol{\Phi}$。

图 9

7-12 用长为 L 的导线先后弯成单匝圆线圈和半径相同的双匝同心线圈，如通以相同电流，则双匝线圈中心的磁感应强度和磁矩分别是单匝线圈中心的磁感应强度和磁矩的（ ）。

A）2 倍和 $\dfrac{1}{2}$ B）4 倍和 $\dfrac{1}{2}$

C）2 倍和 $\dfrac{1}{4}$ D）4 倍和 $\dfrac{1}{4}$

7-13 如图 10 所示，通有电流 I 的正方形线圈置于磁感应强度为 $\boldsymbol{B}$ 的匀强磁场中，设正方形边长为 a，$\boldsymbol{B}$ 方向沿 z 轴正方向，则该线圈所受磁力矩大小为_____，方向为_____。

图 10

7-14 半径为 R 的薄圆盘均匀带电荷量 Q，以角速度 ω 绕圆盘轴线转动，圆盘放在磁感应强度为 $\boldsymbol{B}$ 的匀强磁场中（见图 11），试求：（1）圆盘的磁矩；（2）圆盘所受的磁力矩。

图 11

第八章　电磁感应　电磁场

8-1　如图 12 所示，两个金属圆环在最低点处切断并分别焊在一起。整个装置处在方向为垂直于纸面向内的匀强磁场中，当磁感应强度均匀增加时，以下说法中正确的有（　　）。

A）内环有逆时针方向的感应电流

B）内环有顺时针方向的感应电流

C）外环有逆时针方向的感应电流

D）内、外环都没有感应电流

图 12

8-2　如图 13 所示，矩形区域为匀强稳恒磁场，半圆形闭合导线回路在纸面内绕点 O 做逆时针方向匀速转动，点 O 是圆心且恰好落在磁场的边缘上，半圆形闭合导线回路完全在磁场外时开始计时。以下选项中属于半圆形闭合导线回路中产生的感应电动势的是（　　）。

A）　　　　　　　　B）

C）　　　　　　　　D）

图 13

8-3　一半径为 r 的很小金属环，在初始时刻与一半径为 a（$a \gg r$）的大金属圆环共面且同心，在大圆环中通以恒定电流 I，方向如图 14 所示，如果小圆环以角速度 ω 绕其任一方向的直径转动，并设小圆环的电阻为 R，则任一时刻 t 通过小圆环的磁通量为_____，小圆环中的感应电流为_____。

图 14

8-4　半径为 a 的无限长密绕螺线管，单位长度上的匝数为 n，通以交变电流 $i = I_m \sin \omega t$，则围在管外的同轴圆形回路（半径为 r）上的感生电动势为_____。

8-5 如图 15 所示，真空中一长直导线通有电流 $I(t) = I_0 e^{-\lambda t}$（式中 I_0、λ 为常量，t 为时间），有一带滑动边的矩形导线框与长直导线平行共面，二者相距 a，矩形导线框的滑动边与长直导线垂直，它的长度为 b，初始时与导线框左端重合，之后以匀速 v（方向平行于长直导线）滑动，试求任意时刻 t 在矩形导线框内的感应电动势 ε_i，并讨论 ε_i 的方向。

图 15

8-6 如图 16 所示，两根相互平行无限长直导线相距为 d，载有大小相等、方向相反的电流 I，电流变化率 $dI/dt = \alpha > 0$。一个边长为 d 的正方形线圈位于导线平面内与一根导线相距 d。现求：（1）线圈中的感应电动势；（2）说明线圈中的感应电流是顺时针还是逆时针方向。

图 16

8-7 按自感系数的定义式 $L=\Phi/I$，当忽略其他因素只考虑电流增加时，线圈的自感系数 L 将（　　　）。

A）变大，正比于电流 I B）变小，反比于电流 I

C）不变，与电流无关   D）变大，但不正比于电流 I

8-8 已知一螺绕环的自感系数为 L，若将该螺绕环锯成两个半环式的螺线管，则两个半环螺线管的自感系数（　　　）。

A）都等于 $L/2$

B）有一个大于 $L/2$，另一个小于 $L/2$

C）都大于 $L/2$

D）都小于 $L/2$

8-9 在自感系数为 0.25 H 的线圈中，当电流在（1/16）s 内由 2 A 均匀减小到零时，线圈中自感电动势的大小为（　　　）。

A）7.8×10^{-3} V   B）3.1×10^{-2} V

C）8.0 V   D）12.0 V

8-10 在一个中空的圆柱面上紧密地绕有两个完全相同的线圈 aa'、bb'（见图 17），已知每个线圈的自感系数都等于 0.05 H。

（1）若 a、b 两端相接，a'、b' 两端接入电路，则整个线圈的自感系数 $L=$＿＿＿＿＿＿；

（2）若 a、b' 两端相接，a'、b 两端接入电路，则整个线圈的自感系数 $L=$＿＿＿＿＿＿；

图 17

（3）若 a、b 两端相接，a'、b' 两端相接，再将 a'、b' 两端接入电路，则整个线圈的自感系数 $L=$＿＿＿＿＿＿。

8-11 一矩形截面的空心环形螺线管的尺寸如图 18 所示，其上均匀绕有 N 匝线圈，求螺线管的自感系数 L。

图 18

8-12　如图 19 所示，两个共轴圆线圈的半径分别为 R、r，匝数分别为 N_1 和 N_2，相距为 d，设 $r \ll R$，大线圈 （半径为 R） 通有电流 I_1，则小线圈 （半径为 r） 所在处的磁场可视为均匀的，求两线圈的互感系数 M。

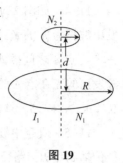

图 19

第十一章　光学

11-1　如图 20 所示，波长为 λ 的平行单色光斜入射到距离为 d 的双缝上，入射角为 θ。在图中的屏中央 O 处 （$S_1 O = S_2 O$），两束相干光的相位差为 _____ 。

图 20

11-2　用杨氏双缝干涉实验测某液体的折射率 n，光源为单色光，观察到在空气中的第三级明条纹处正好是液体中的第四级明条纹，则液体的折射率为 （　　　）。

A） $n = 1.33$

B） $n = 1.40$

C） $n = 1.50$

D） $n = 1.60$

11-3　在杨氏双缝干涉实验中，单色光源 S_0 到两缝 S_1 和 S_2 的距离分别为 l_1 和 l_2，并且 $l_1 - l_2 = 3\lambda$，λ 为入射光的波长，双缝之间的距离为 d，双缝到屏幕的距离为 D，如图 21 所示，求： （1） 零级明条纹到屏幕中央点 O 的距离； （2） 相邻明条纹间的距离。

图 21

11-4 如图 22 所示，假设有两个同相的相干点光源 S_1 和 S_2，发出波长为 λ 的光，点 A 是它们连线的中垂线上的一点。（1）若在 S_1 与点 A 之间插入厚度为 e、折射率为 n 的薄玻璃片，则两光源发出的光在点 A 的相位差 $\Delta\varphi =$ _____ ；（2）已知 $\lambda = 5.2 \times 10^{-7}$ m，$n = 1.5$，点 A 恰为第四级明条纹中心，则 $e =$ _____ 。

图 22

11-5 真空中波长为 λ 的单色光，在折射率为 n 的均匀透明介质中，从点 A 沿某一路径传播到点 B，路径的长度为 l。A、B 两点光振动相位差记为 $\Delta\varphi$，则以下说法中正确的是（ ）。

A）当 $l = 3\lambda/2$，有 $\Delta\varphi = 3\pi$

B）当 $l = 3\lambda/(2n)$，有 $\Delta\varphi = 3n\pi$

C）当 $l = 3\lambda/(2n)$，有 $\Delta\varphi = 3\pi$

D）当 $l = 3n\lambda/2$，有 $\Delta\varphi = 3n\pi$

11-6 杨氏双缝干涉实验装置如图 23 所示，双缝与屏之间的距离 $D = 120$ cm，两缝之间的距离 $d = 0.50$ mm，用波长 $\lambda = 5 \times 10^{-7}$ m 的单色光垂直照射双缝。（1）求原点 O（零级明条纹所在处）上方的第五级明条纹的坐标 x；（2）如果用厚度 $l = 1.0 \times 10^{-2}$ mm、折射率 $n = 1.58$ 的透明薄膜覆盖在图中的 S_1 后面，求此种情况下第五级明条纹的坐标 x'。

图 23

11-7 在牛顿环实验装置中，曲率半径为 R 的平凸透镜与平玻璃板在中心恰好接触，它们之间充满折射率为 n 的透明介质。垂直入射到牛顿环实验装置上的平行单色光在真空中的波长为 λ，则反射光形成的干涉条纹中暗环半径 r_k 的表达式为（   ）。

A）$r_k = \sqrt{kR\lambda}$ B）$r_k = \sqrt{kR\lambda/n}$

C）$r_k = \sqrt{knR\lambda}$ D）$r_k = \sqrt{k\lambda/(nR)}$

11-8 在牛顿环实验中，用波长为 6.328×10^{-7} m 的单色光垂直入射，测得第 k 个暗环半径为 5.63 mm，第 $k+5$ 个暗环半径为 7.96 mm，求曲率半径 R。

11-9 在牛顿环实验装置的平凸透镜和平玻璃板之间，充满折射率 $n = 1.33$ 的透明液体（设平凸透镜和平玻璃板的折射率都大于 1.33）。平凸透镜的曲率半径为 300 cm，波长 $\lambda = 6.5 \times 10^{-7}$ m 的平行单色光垂直照射到牛顿环实验装置上，平凸透镜顶部刚好与平玻璃板接触，求：（1）从中心向外数，第十个明环所在处的液体厚度 e_{10}；（2）第十个明环的半径 r_{10}。

11-10 若在迈克耳孙干涉仪的可动反射镜 M 移动 0.620 mm 的过程中，观察到干涉条纹移动了 2 300 条，则所用光波的波长为_____。

11-11 将一个沿光路方向长度为 L 的透明密闭容器，置于迈克耳孙干涉仪的一个臂上，当用波长为 λ 的单色光照射时，调整好仪器。当逐渐抽空容器中的空气时，共观察到 N 条干涉条纹从视场中某点移过，则容器中原有的空气折射率 $n =$ _____。

11-12 如图 24 所示牛顿环实验装置，设一凸透镜中心恰好与平板玻璃接触，凸透镜表面的曲率半径是 $R = 400$ cm。用某种单色平行光垂直入射，观察反射光形成的牛顿环，测得第五个明环的半径是 0.30 cm。试求：(1) 入射光的波长 λ；(2) 设图中 $OA = 1.2$ cm，在半径为 OA 的范围内可观察到的明环数目 k。

图 24

11-13 在光栅光谱中，假如所有偶数级次的主极大都恰好在单缝衍射的暗条纹方向上，因而实际上不出现，那么此光栅每个透光缝宽度 a 和相邻两缝间不透光部分宽度 b 的关系为（　　）。

A）$a = b$ B）$a = 2b$

C）$a = 3b$ D）$b = 2a$

11-14 在夫琅禾费衍射实验中，光栅常数为 d，缝宽为 a。当单色平行光垂直入射时，如果 d/a 是整数，则在单缝衍射正、负一级的极小范围内能看到缝间干涉主极大的数目为（　　）。

A）$\dfrac{d}{2}$ B）$\dfrac{2d}{a}$

C）$\dfrac{2d}{a} + 1$ D）$2\left(\dfrac{d}{a} - 1\right) + 1$

11-15 用（　　）方法测量单色光的波长最准确。

A）双缝干涉   B）牛顿环

C）单缝衍射   D）光栅衍射

11-16 有一个衍射光栅，每厘米有 200 条透光缝，每条透光缝宽为 $a = 2 \times 10^{-3}$ cm，在光栅后放一个焦距 $f = 1$ m 的凸透镜，现以 $\lambda = 6 \times 10^{-7}$ m 的单色光垂直照射光栅，求：（1）单缝衍射中央明条纹宽度；（2）在该宽度内，有几个光栅衍射主极大。

11-17 波长为 6×10^{-7} m 的单色光垂直入射在一光栅上，第二、三级明条纹分别出现在 $\sin \theta_2 = 0.2$ 与 $\sin \theta_3 = 0.3$ 处，第四级缺级。试求：（1）光栅常数 d；（2）光栅上狭缝宽度；（3）屏上实际呈现的全部级数。

11-18 用一束具有两种波长的平行光垂直入射在光栅上，$\lambda_1 = 6 \times 10^{-7}$ m，$\lambda_2 = 4 \times 10^{-7}$ m，发现距中央明条纹 5 cm 处，波长为 λ_1 的光的第 k 级主极大和波长为 λ_2 的光的第 $(k+1)$ 级主极大重合，放置在光栅与屏之间的透镜焦距 $f = 50$ cm，试计算：（1）k 为多少？（2）光栅常数 d 为多少？

11-19　一束光强为 I_0 的自然光垂直穿过两个偏振片，且这两个偏振片的偏振化方向成45°角，若不考虑偏振片的反射和吸收，则穿过两个偏振片后的光强 I 为（　　　）。

A）$\dfrac{\sqrt{2} I_0}{4}$ 　　　　　　　　　　B）$\dfrac{I_0}{4}$

C）$\dfrac{I_0}{2}$ 　　　　　　　　　　D）$\dfrac{\sqrt{2} I_0}{2}$

11-20　如图 25 所示，i_0 为起偏角，且 $i \neq i_0$，当以不同偏振态的光入射两种介质的分界面时，试画出反射光线和折射光线的偏振状态。

图 25

11-21　某种透明介质对于空气的临界角（指全反射）等于45°，光从空气射向此介质时的布儒斯特角是（　　　）。

A）35.3° 　　　　　　　　　　B）40.9°

C）45° 　　　　　　　　　　D）54.5°

E）57.3°

11-22　一束平行的自然光，以 60° 角入射到平玻璃表面上，若反射光束是完全偏振的，则透射光的折射角是_____；玻璃的折射率为_____。

11-23　一束自然光由折射率为 n_1 的介质入射到折射率为 n_2 的介质的分界面上，已知反射光为完全偏振光（线偏振光），则入射角为_____，折射角为_____。

11-24　自然光通过两个偏振化方向成 60° 角的理想偏振片，透射光强为 I_1，如果在这两个偏振片之间插入另一理想的偏振片，它的偏振化方向与前两个偏振片的偏振化方向之间的夹角均为30°，则透射光强为多少？

第十五章　量子物理

15-1　下列关于光电效应的说法中正确的是 （　　）。

（1）任何波长的可见光照射到任何金属表面都能产生光电效应

（2）对于同一金属，如有电子产生，则入射光的频率不同，光电子的最大初动能不同

（3）对于同一金属，由于入射光的波长不同，则单位时间内产生的光电子的数目不同

（4）对于同一金属，若入射光频率不变而强度增加 1 倍，则饱和光电流也增加 1 倍

A）（1）、（2）、（3）　　　　　　　　B）（2）、（3）、（4）

C）（2）、（3）　　　　　　　　　　　D）（2）、（4）

15-2　光子波长为 λ，则其能量、动量的大小和质量分别为 （　　）。

A）$h\nu$、$\dfrac{h\nu}{c}$、$\dfrac{h\nu}{c^2}$　　　　　　　　B）$\dfrac{hc}{\lambda}$、$\dfrac{h}{\lambda}$、$\dfrac{h}{c\lambda}$

C）mc^2、$\dfrac{h\nu}{c}$、$\dfrac{h\nu}{c^2}$　　　　　　　　D）以上答案都不对

15-3　设用频率为 γ_1 和 γ_2 两种单色光，先后照射同一种金属均能产生光电效应。已知金属的红限频率为 γ_0，测得两次照射时的遏止电压 $|U_{a2}| = 3|U_{a1}|$，则以下描述这两种单色光频率关系的公式中正确的是 （　　）。

A）$\gamma_2 = \gamma_1 - \gamma_0$　　　　　　　　　　B）$\gamma_2 = 2\gamma_1 - \gamma_0$

C）$\gamma_2 = 3\gamma_1 - 2\gamma_0$　　　　　　　　　D）$\gamma_2 = 3\gamma_0 - 2\gamma_1$

15-4　用波长为 0.1×10^{-10} m 的 X 射线做康普顿散射实验，当散射角为 90° 时，X 射线光子所损失的能量占散射前光子能量的比例为＿＿＿＿＿＿＿＿。

15-5　今有波长为 3×10^{-7} m 的光照射到钾表面上，现有以下问题：（1）求光子的能量 $h\nu$、质量 m 和动量的大小 p；（2）若已知钾的逸出功为 2.21 eV，问能否产生光电效应？

15-6 钡的逸出功为 2.5 eV，今有波长为 200 nm 的光照射到其表面，求：（1）钡发射出的光电子最大初速率 v_{max}；（2）遏止电压 U_a。

15-7 在与波长为 0.1×10^{-10} m 的入射 X 射线束成某个角度 φ 的方向上，康普顿效应引起的波长增量为 0.024×10^{-10} m，试求：（1）散射角 φ；（2）这时传递给反冲电子的动能 E_k。

15-8 在康普顿散射实验中，入射光子的波长为 0.03×10^{-10} m，反冲电子的速度为 $0.60c$，试求：（1）散射光子的波长 λ；（2）散射角 φ。

15-9 光电管阴极用逸出功 $W = 2.2$ eV 的金属制成，今用一单色光照射此光电管，阴极发射出光电子，测得遏止电压为 $U_a = 5.0$ V，求：（1）光电管阴极金属的光电效应红限波长 λ_0；（2）入射光波长 λ。（普朗克常量 $h = 6.63 \times 10^{-34}$ J·s，电子电荷 $e = 1.6 \times 10^{-19}$ C。）

综合测试 （一）

一、单项选择题

1. 如图 1 所示，有两个载有相等电流 I 的圆线圈，一个处于水平位置，另一个处于竖直位置，则圆心处的磁感应强度大小为 （   ）。

图 1

A） 0

B） $\dfrac{\mu_0 I}{2R}$

C） $\dfrac{\sqrt{2}\,\mu_0 I}{2R}$

D） $\dfrac{\mu_0 I}{R}$

2. 用细导线均匀密绕成长为 l、半径为 a（$l \gg a$）、总匝数为 N 的螺线管，管内充满相对磁导率为 μ_r 的均匀磁介质。若线圈中载有恒定电流 I，则对于管中任一点，以下说法中正确的是 （   ）。

A） 磁感应强度大小为 $B = \mu_0 \mu_r N I$

B） 磁感应强度大小为 $B = \mu_r N I / l$

C） 磁场强度大小为 $H = \mu_0 N I / l$

D） 磁场强度大小为 $H = N I / l$

3. 如图 2 所示，金属棒 MN 放置在圆柱形的磁感应强度为 $\boldsymbol{B}$ 的匀强磁场中，当磁感应强度逐渐增加时，该棒两端的电势差是 （   ）。

图 2

A） $U_{MN} < 0$

B） $U_{MN} = 0$

C） $U_{MN} > 0$

D） 无法确定

4. 有一长为 l、横截面积为 A 的载流长螺线管绕有 N 匝线圈，设电流为 I，则螺线管内的磁场能量近似为 （   ）。

A） $\mu_0 A I^2 N^2 / l^2$

B） $\mu_0 A I^2 N^2 / (2l^2)$

C） $\mu_0 A I N^2 / l^2$

D） $\mu_0 A I^2 N^2 / (2l)$

5. 在迈克耳孙干涉仪的一条光路中放入一片折射率为 $n = 1.4$ 的透明介质薄膜后，干涉条纹产生了 7 条条纹的移动。如果入射光波长为 589 nm，则透明介质的膜厚为 （   ）。

A） 10 307.5 nm

B） 1 472.5 nm

C） 5 153.8 nm

D） 2 945.0 nm

6. 在夫琅禾费衍射实验中，波长为 λ 的单色光垂直入射在宽度为 3λ 的单缝上，对应于衍射角为 30° 的方向，单缝处波阵面可分成的半波带数目为 （   ）。

A） 2 个

B） 3 个

C） 4 个

D） 6 个

7. 一束自然光自空气射向一块平板玻璃，如图 3 所示，设入射角等于布儒斯特角 i_B，则在界面 2 的反射光（　　　）。

A）是自然光

B）是线偏振光且光矢量的振动方向垂直于入射面

C）是线偏振光且光矢量的振动方向平行于入射面

D）是部分偏振光

图 3

二、填空题

1. 如图 4 所示，半圆形线圈(半径为 R) 通有电流 I。线圈处在与线圈平面平行向右的磁感应强度为 B 的匀强磁场中。线圈所受磁力矩的大小为 _____，方向为 _____。

图 4

2. 如图 5 所示，一矩形线框长为 a、宽为 b，置于匀强磁场中，线框绕 OO' 轴以角速度 ω 匀速转动。设 $t = 0$ 时，线框平面处于纸面内，则任一时刻感应电动势的大小为 _____。

图 5

3. 在空气中有一劈尖形透明物，其劈尖角 1.0×10^{-4} rad，在波长 $\lambda = 700$ nm 的单色光垂直照射下，测得相邻明条纹间距 $l = 0.25$ cm，此透明材料的折射率为 _____。

三、计算题

1. 如图 6 所示，一半径为 R 的无限长圆柱形导体，其相对磁导率为 μ_r，沿圆柱的轴线方向均匀地通有电流，其电流密度为 j，试求磁场强度 H 和磁感应强度 B。

图 6

2. 如图 7 所示，半径 $R = 0.1$ m 的半圆形闭合线圈（匝数 $N = 1\,000$）载有电流 $I = 10$ A，放在匀强磁场中，磁场方向与线圈平行，已知 $B = 3.0 \times 10^{-2}$ T，求：（1）线圈磁矩的大小和方向；（2）线圈所受磁力矩的大小和方向（以直径为转轴）。

图 7

3. 如图 8 所示，一长直导线通有电流 $I = 0.5$ A，在与其相距 $d = 5.0$ cm 处放有一矩形线圈，共 $1\,000$ 匝。线圈以速率 $v = 3.0$ m·s^{-1} 沿垂直于长导线的方向向右运动时，求线圈中的动生电动势是多少？（设线圈长 $l = 4.0$ cm，宽 $b = 2.0$ cm。）

图 8

4. 一无限长直导线通有电流 $I = I_0 e^{-\lambda t}$（I_0、λ 为恒量），和直导线在一平面内有一矩形线框，其边长与直导线平行，线框的尺寸及位置如图 9 所示，且 $b/c = 3$，试求：（1）直导线和线框间的互感系数；（2）线框中的互感电动势。

图 9

5. 如图 10 所示，一双缝装置的一个缝被折射率为 $n_1 = 1.40$ 的薄玻璃片所遮盖，另一个缝被折射率为 $n_2 = 1.70$ 的薄玻璃片所遮盖。在玻璃片插入以后，屏上原来零级明条纹中心，现变为第五级明条纹。假定 $\lambda = 480 \text{ nm}$，且两玻璃片厚度均为 d，求 d 是多少。

图 10

6. 一个折射率为 $n_1 = 1.5$ 的平凸透镜，其球面半径为 R，放在折射率为 $n_2 = n_1$，$n_3 = 1.75$ 的两种矩形平板玻璃上，如图 11 所示。设用波长为 λ 的单色光正入射。试求：（1）在透镜和平板玻璃间为空气时，第 k 级牛顿环的半径；（2）在透镜和平板玻璃间充满折射率为 $n = 1.6$ 的透明液体时，光程差如何变化？

图 11

7. 一束具有两种波长 λ_1 和 λ_2 的平行光垂直照到光栅上，测得波长为 λ_1 的第三级主极大和波长为 λ_2 的第四级主极大的衍射角均为30°。已知 $\lambda_1 = 560$ nm，试求：（1）光栅常数 $a + b$；（2）波长 λ_2。

8. 使自然光通过两个偏振化方向夹角为60°角的偏振片，透射光强为 I_e。今在这两个偏振片之间再插入另一偏振片，其偏振化方向与之前的两个偏振片的偏振化方向均成30°角，则透射光强为多少?

综合测试（二）

一、单项选择题

1. 半径为 R 的无限长直圆柱体，沿轴向均匀流有电流，设圆柱体内（$r < R$）的磁感应强度为 B_i，圆柱体外（$r > R$）的磁感应强度为 B_e，则有（　　）。

A）B_i，B_e 均与 r 成正比　　　　　　B）B_i，B_e 均与 r 成反比

C）B_i 与 r 成反比，B_e 与 r 成正比　　D）B_i 与 r 成正比，B_e 与 r 成反比

2. 如图 1 所示，若 $U_{MN} < 0$，则样品为何种材料？（　　）。

（1）P 型半导体；（2）N 型半导体；（3）金属导体；（4）条件不足，难以确定。

A）（1）（2）

B）（1）（3）

C）（2）（3）

D）（3）（4）

图 1

3. 如图 2 所示，一磁场的磁感应强度为 $\boldsymbol{B} = a\boldsymbol{i} + b\boldsymbol{j} + c\boldsymbol{k}$（T），则通过一半径为 R（m），开口向 z 轴正方向的半球壳表面的磁通量的大小是（　　）。

A）$\pi R^2 a$（Wb）

B）$\pi R^2 b$（Wb）

C）$\pi R^2 c$（Wb）

图 2

D）$\pi R^2 abc$（Wb）

4. 一导体圆线圈在匀强磁场中运动，能使其中产生感应电流的一种情况是（　　）。

A）线圈绕自身直径轴转动，轴与磁场方向平行

B）线圈绕自身直径轴转动，轴与磁场方向垂直

C）线圈平面垂直于磁场并沿垂直磁场方向平移

D）线圈平面平行于磁场并沿垂直磁场方向平移

5. 如图 3 所示，用波长 $\lambda = 600$ nm 的单色光做杨氏双缝干涉实验，在光屏 P 处为第五级明条纹中心，现将折射率 $n = 1.5$ 的薄透明玻璃片盖在其中一条缝上，此时 P 处为零级明条纹中心，则此玻璃片厚度为（　　）。

A）5.0×10^{-4} cm　　　　　　　　B）6.0×10^{-4} cm

C）7.0×10^{-4} cm　　　　　　　　D）8.0×10^{-4} cm

图 3

6. 在夫琅禾费衍射实验中，缝宽 $a = 0.2$ mm，透镜焦距 $f = 0.4$ m，入射光波长 $\lambda = 500$ nm，则在距离中央明条纹中心位置 2 mm 处是明条纹还是暗条纹？从这个位置看上去可以把波阵面分为几个半波带？（　　）

A）明条纹，3 个半波带　　　　　　B）明条纹，4 个半波带

C）暗条纹，3 个半波带　　　　　　D）暗条纹，4 个半波带

7. 光在浸没于油（$n_1 = 1.10$）中的有机玻璃（$n_2 = 1.50$）上反射时的布儒斯特角是（　　）rad。

A）$i_0 = \tan^{-1}(1.10/1.50)$　　　　B）$i_0 = \sin^{-1}(1.10/1.50)$

C）$i_0 = \cos^{-1}(1.10/1.50)$　　　　D）$i_0 = \tan^{-1}(1.50/1.10)$

二、填空题

1. 载有电流 I_2 的圆形平面大线圈与载有电流 I_1 的圆形平面小线圈互相垂直放置，两线圈的公共中心在点 O，如图 4 所示。若 $R_1 \ll R_2$，则小线圈所受磁力矩的大小 $M = $ _____ _____，磁力矩的方向为 _____。

图 4

2. 一自感系数为 0.25 H 的线圈，当线圈中的电流在 0.01 s 内由 2 A 均匀地减小到零时，线圈中的自感电动势的大小为 _____。

3. 用 $\lambda = 600$ nm 的单色光垂直照射牛顿环实验装置时，第四级暗条纹对应的空气膜厚度为 _____ μm。

三、计算题

1. 如图 5 所示，一根很长的长直圆管形导体的横截面，内外半径分别为 a 和 b，导体内载有沿轴线方向的电流 I，且电流均匀分布在管的横截面上，试求导体内部（$a < r < b$）的磁感应强度分布。

图 5

2. 如图 6 所示，载有电流 I_1 和 I_2 的长直导线 ab 和 cd 相互平行，相距为 $3r$，今有载有电流 I_3 的导线 $MN = r$，水平放置，且其两端 M、N 分别与两导线的距离都是 r，ab、cd 和 MN 共面，求导线 MN 所受的安培力大小和方向。

图 6

3. 如图 7 所示，无限长直导线通有电流 $I = kt$，旁边有一共面线圈，求线圈中感应电动势大小。

图 7

4. 在细铁环上绕有 $N = 200$ 匝的单层线圈，线圈中通以电流 $I = 2.5$ A，穿过铁环截面的磁通量 $\Phi = 0.5$ mWb，求磁场的能量 W。

5. 折射率为 $n_1 = 1.60$ 的两块标准平面玻璃板之间形成一个劈形膜（劈尖角 θ 很小）。用波长 $\lambda = 600$ nm 的单色光垂直入射，产生等厚干涉条纹。假如在劈形膜内充满折射率为 $n_2 = 1.40$ 的液体时的相邻明条纹间距比劈形膜内充满空气时的间距缩小 $\Delta l = 0.5$ mm，那么劈尖角 θ 应是多少？

6. 如图 8 所示，狭缝的宽度 $b = 0.60$ mm，透镜焦距 $f = 0.40$ m，有一与狭缝平行的屏放置在透镜焦平面处。若以单色平行光垂直照射狭缝，则在屏上离点 O 为 $x = 1.4$ mm 处的点 P 看到的是明条纹。试求：（1）该入射光的波长；（2）点 P 处条纹的级数；（3）从点 P 看，对该光波而言，狭缝处的波阵面可作半波带的数目。

图 8

7. 用波长为 $\lambda = 590$ nm 的平行光照射一块每毫米具有 500 条狭缝的光栅，光栅的狭缝的宽度 $a = 1 \times 10^{-3}$ mm ，光栅相邻两个狭缝不透光部分的距离为 b，问平行光垂直入射时，最多能观察到第几级光谱线？实际能观察到几条光谱线？

8. 如图 9 所示，在两个平行放置的正交偏振片 P_1、P_2 之间，平行放置另一个以角速度 ω 绕光传播方向匀速转动的偏振片 P_3。现有光强为 I_0 的自然光垂直 P_1 入射，$t = 0$ 时 P_3 的偏振化方向与 P_1 的偏振化方向平行。问当自然光 I 通过该系统后，透射光强如何？

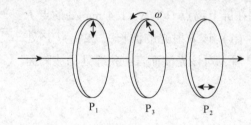

图 9

一、单项选择题

1. 下面说法中正确的是 （   ）。

A）闭合回路上各点磁感应强度为 0 时，回路内一定没有电流穿过

B）闭合回路上各点磁感应强度为 0 时，回路内穿过的电流的代数和必定为 0

C）磁感应强度沿闭合回路积分为 0 时，回路上各点磁感应强度必定为 0

D）磁感应强度沿闭合回路积分不为 0 时，回路上任何一点的磁感应强度都不可能为 0

2. 半径为 R 的圆环以角速度 ω 绕如图 1 所示的轴匀速转动。如果圆环带电荷量为 Q，那么圆心 O 处的磁感应强度的大小为 （   ）。

A）0

B）$\dfrac{\mu_0 \omega Q}{4\pi R}$

C）$\dfrac{\mu_0 \omega Q}{2\pi R}$

D）$\dfrac{\mu_0 \omega Q}{\pi R}$

图 1

3. 一根长 $2a$ 的细铜杆 MN 与截流长导线在同一平面内，相对位置如图 2 所示，图中铜杆以速度 v 做平行移动，那么杆内出现的动生电动势为 （   ）。

A）$\varepsilon = \dfrac{\mu_0 I v}{2\pi} \ln 2$，方向由 N 到 M

B）$\varepsilon = \dfrac{\mu_0 I v}{2\pi} \ln 2$，方向由 M 到 N

C）$\varepsilon = \dfrac{\mu_0 I v}{2\pi} \ln 3$，方向由 N 到 M

D）$\varepsilon = \dfrac{\mu_0 I v}{2\pi} \ln 3$，方向由 M 到 N

图 2

4. 波长为 500 nm 的单色光垂直入射到宽为 0.25 mm 的单缝上，单缝后面放置一凸透镜，凸透镜的焦平面上放置一光屏，用以观测衍射条纹，今测得中央明条纹一侧第三个暗

条纹与另一侧第三个暗条纹之间的距离为 12 mm，则凸透镜的焦距 f 为（　　）。

A）2 m

B）1 m

C）0.5 m

D）0.2 m

5. 一个电子用静电场加速到动能为 0.25 MeV，此时电子质量为电子静止质量的（　　）。

A）1.5 倍

B）2 倍

C）0.5 倍

D）1 倍

6. 根据相对论力学，动能为 1/4 MeV 的电子，其运动速度约等于（　　）。（c 表示真空中光速，电子的静止能量 $m_0 c^2 = 0.5$ MeV。）

A）$0.1c$

B）$0.5c$

C）$0.75c$

D）$0.85c$

7. 光电效应和康普顿效应都是光子和物质原子中的电子相互作用的过程，在下面几种关于光电效应和康普顿效应的说法中，正确的是（　　）。

A）两种效应中电子与光子组成的系统都服从能量守恒定律和动量守恒定律

B）光电效应是由于电子吸收光子能量而产生的，而康普顿效应是由于电子与光子的弹性碰撞过程而产生的

C）两种效应都相当于电子与光子的弹性碰撞过程

D）两种效应都属于电子吸收光子的过程

二、填空题

1. 一质点带有电荷 $q = 8.0 \times 10^{-10}$ C，以速率 $v = 3.0 \times 10^5$ m·s^{-1} 在半径为 $R = 6.0 \times 10^{-3}$ m 的圆周上做匀速圆周运动，该带电质点在轨道中心所产生的磁感应强度大小 $B =$ _____，该带电质点轨道运动的磁矩 $P_m =$ _____（$\mu_0 = 4\pi \times 10^{-7}$ H·m^{-1}）。

2. 半径为 R 的无限长柱形导体上流过电流 I，电流均匀分布在导体横截面上，该导体材料的相对磁导率为 1，则在导体轴线上一点的磁场能量密度为_____，与导体轴线相距为 r 处（$r<R$）的磁场能量密度为_____。

3. 波长为 480 nm 的平行光垂直照射到宽为 0.40 mm 的单缝上，单缝后面的凸透镜焦距为 60 cm，当单缝两边缘点 A、B 射向点 P 的两条光线在点 P 的相位差为 π 时，点 P 离中央明条纹中心的距离等于_____。

三、计算题

1. 载流导线形状如图 3 所示（图中直线部分导线延伸至无穷远），求以下 3 种情况下，点 O 处的磁感应强度 B（用三维直角坐标分量式表示磁感应强度矢量）。

（a） （b） （c）

图 3

2. 如图 4 所示，一根很长的直载流圆柱导体，半径为 R，电流 I 均匀分布在其横截面上，求阴影部分的磁通量。

图 4

3. 如图 5 所示，载有电流 I 的长直导线附近，放一导体半圆环 MeN，其与长直导线共面，且端点 MN 的连线与长直导线垂直。半圆环的半径为 b，环心 O 与导线相距 a。设导体半圆环以速度 v 平行于导线移动，求半圆环内感应电动势的大小和方向。

图 5

4. 钾的光电效应红限波长为 $\lambda_0 = 0.62\ \mu m$，求：(1) 钾的逸出功；(2) 在波长 $\lambda = 330\ nm$ 的紫外光照射下，钾的遏止电压。

5. 在图 6 所示的杨氏双缝干涉实验中，若用薄玻璃片（折射率 $n_1 = 1.4$）覆盖缝 S_1，用同样厚度的玻璃片（折射率 $n_2 = 1.7$）覆盖缝 S_2，将使原来未放玻璃片时屏上的中央明条纹 O 处变为第五级明条纹。设单色光波长 $\lambda = 480\ nm$，求玻璃片的厚度 d（可认为光线垂直穿过玻璃片）。

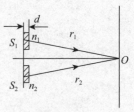

图 6

6. 在利用牛顿环测未知单色光波长的实验中，当用波长为 589.3 nm 的钠黄光垂直照射时，测得第一和第四个暗环的距离为 $\Delta r = 4.00 \times 10^{-3} \, \mathrm{m}$；当用波长未知的单色光垂直照射时，测得第一和第四个暗环的距离为 $\Delta r' = 3.85 \times 10^{-3} \, \mathrm{m}$，求该单色光的波长。

7. 波长为 $\lambda = 490 \, \mathrm{nm}$ 的单色平行光垂直照射在光栅上，已知光栅常数 $a + b = 3.0 \times 10^{-4} \, \mathrm{cm}$。若光栅的透光缝的宽度 $a = 1.0 \times 10^{-4} \, \mathrm{cm}$，单色光垂直照射在光栅上，则最多能观察到的明条纹（包括中央明条纹）的总条数，级次分别是多少？

8. 自然光入射到放在一起的两个偏振片上（见图7），如果透射光的光强 I 为入射光的光强 I_0 的 1/4，则两偏振片的偏振化方向的夹角 α 等于多少度？

图7

参 考 答 案

综合习题（一）

第七章　恒定磁场

7-1　C)

7-2　$\dfrac{\mu_0 I R^2}{\left[R^2 + \left(\dfrac{a}{2}\right)^2\right]^{\frac{3}{2}}}$，方向沿 $O_1 O_2$ 连线向右

7-3　C)

7-4　0

7-5　$\dfrac{\mu_0 I}{4\pi l}(3 - \sqrt{3})$

7-6　$\dfrac{\mu_0 I}{\pi^2 R}$

7-7　D)

7-8　B)

7-9　1：1

7-10　$\dfrac{\mu_0 I}{2\pi r}$，$\dfrac{\mu_0 I l}{2\pi}\ln\dfrac{R_2}{R_1}$

7-11　（1）$\Phi_{abOc} = -0.24\text{Wb}$；（2）$\Phi_{bedO} = 0$；（3）$\Phi_{acde} = 0.24\text{ Wb}$

7-12　B)

7-13　C)

7-14　C)

7-15　$\sqrt{2}IBa$

7-16　沿 z 轴负方向

7-17　负，下

7-18　$F_{AB} = \dfrac{\mu_0 I_1 I_2}{2\pi a} \cdot b\tan\theta$，方向水平向左；$F_{BC} = \dfrac{\mu_0 I_1 I_2}{2\pi\cos\theta}\ln\dfrac{a+b}{a}$，方向与 BC 垂直并

指向线框外；$F_{CA} = \dfrac{\mu_0 I_1 I_2}{2\pi}\ln\dfrac{a+b}{a}$，方向竖直向下

7-19 C)

7-20 B)

7-21 ②，③，①

7-22 （1）$H_1 = \dfrac{Ir}{2\pi R_1^2}$，$B_1 = \dfrac{\mu_0 Ir}{2\pi R_1^2}$；（2）$H_2 = \dfrac{I}{2\pi r}$，$B_2 = \dfrac{\mu_0 \mu_r I}{2\pi r}$；（3）$H_3 = \dfrac{I}{2\pi r}$，

$B_3 = \dfrac{\mu_0 I}{2\pi r}$

7-23 （1）当 $r < R_1$ 时，$H = \dfrac{Ir}{2\pi R_1^2}$，$B = \dfrac{\mu_0 \mu_{r1} Ir}{2\pi R_1^2}$；（2）当 $R_1 < r < R_2$ 时，$H = \dfrac{I}{2\pi r}$，$B =$

$\dfrac{\mu_0 \mu_{r2} I}{2\pi r}$；（3）当 $R_2 < r < R_3$ 时，$H = \dfrac{I(R_3^2 - r^2)}{2\pi r(R_3^2 - R_2^2)}$，$B = \dfrac{\mu_0 \mu_{r1} I(R_3^2 - r^2)}{2\pi r(R_3^2 - R_2^2)}$；（4）当 $r > R_3$

时，$H = B = 0$

第八章　电磁感应　电磁场

8-1 B)

8-2 B)

8-3 $-\dfrac{3}{10}\omega B L^2$

8-4 （1）$\dfrac{\mu_0 v I}{2\pi} \ln \dfrac{2(a+b)}{2a+b}$；（2）点 D 电势较高

8-5 （1）$\varepsilon = 2.78 \times 10^{-4}$ V；（2）点 B 电势较高

8-6 $\varepsilon_i = \dfrac{50\mu_0 a}{\pi} \ln \dfrac{d + \dfrac{b}{2}}{d - \dfrac{b}{2}} \sin(10t)$，当 $\sin(10t) > 0$ 时，感应电动势为顺时针；当

$\sin(10t) < 0$ 时，感应电动势为逆时针。

8-7 D)

8-8 C)

8-9 C)

8-10 D)

8-11 $W_m = \dfrac{1}{2}LI^2 = \dfrac{1}{2} \times 5\pi \times 10^{-3} \times (0.2)^2 = 3.14 \times 10^{-4}$ J

8-12 $\dfrac{\mu_0 I^2}{16\pi}$

第十一章　光学

11-1　6.73×10^{-7} m

11-2　A)

11-3　E)

11-4　1.4

11-5　(1)$\theta = 4.8 \times 10^{-5}$ rad；(2)A点为第三级明条纹；(3)3条明条纹，3条暗条纹

11-6　$\lambda_1 = 6.587 \times 10^{-7}$ m，$\lambda_2 = 3.952 \times 10^{-7}$ m

11-7　3.6×10^{-2} cm

11-8　4

11-9　C)

11-10　7.59×10^{-3} cm

11-11　4，第一，暗

11-12　0.27 cm

11-13　(1)1.98 cm；(2) 1.98 cm

第十四章　相对论

14-1　相同；相同；洛伦兹

14-2　D)

14-3　(1)0.791 m；(2)$\tan \theta = 2$，$\theta = 63°26'$

14-4　C)

14-5　B)

14-6　3×10^{-6} s；900 m

14-7　(1)4.33×10^{-8} s；(2)10.4 m

14-8　(1)1.95×10^{15} m；(2) 9.1 年；(3) 0.41 年

14-9　(1) 9×10^{16} J；(2) 1.5×10^{17} J

14-10　D)

14-11　A)

14-12　(1) 5.8×10^{-13} J；(2) $E_{k0}/E_k = 8.04 \times 10^{-2}$

综合习题（二）

第七章　恒定磁场

7-1　D)

7-2　$\dfrac{\mu_0 I}{4\pi a}$，垂直于纸面向内

7-3　$\dfrac{\mu_0 I}{4\pi R}$，垂直于纸面向外

7-4　$\dfrac{\mu_0 vQ}{4\pi L}\left(\dfrac{1}{a} - \dfrac{1}{a + L}\right)$，垂直于纸面向内

7-5　$\dfrac{\mu_0 \omega Q}{8\pi R}$，沿 $O'O$ 连线向上

7-6　$\dfrac{\mu_0 Q\omega}{2\pi(b + a)}$，垂直于纸面向内

7-7　D)

7-8　B)

7-9　$\dfrac{\mu_0 ih}{2\pi R}$

7-10　$\dfrac{\mu_0}{2\pi}\left[\dfrac{(1 + \pi)I_2}{R} - \dfrac{I_1}{R + d}\right]$

7-11　（1）$B = \dfrac{\mu_0 NI}{2\pi r}$ ；（2）$\Phi = \dfrac{\mu_0 NIh}{2\pi}\ln\dfrac{d_1}{d_2}$

7-12　B)

7-13　$\dfrac{1}{2}Ia^2 B$，沿 y 轴正方向

7-14　（1）圆盘的磁矩 $P_{\mathrm{m}} = \dfrac{\omega QR^2}{4}$，方向与 ω 同向（或向上）；（2）圆盘所受的磁力矩

为$\dfrac{\omega QR^2 B\sin\alpha}{4}$，方向与 $\boldsymbol{P}_{\mathrm{m}} \times \boldsymbol{B}$ 同向

第八章　电磁感应　电磁场

8-1　B)、C)

8-2　A)

8-3　$\dfrac{\mu_0 I\pi r^2}{2a}\cos\omega t$，$\dfrac{\mu_0 I\pi r^2\omega}{2aR}\sin\omega t$

8-4　$-\mu_0 n I_{\mathrm{m}}\pi a^2\omega\cos\omega t$

8-5　$\varepsilon_{\mathrm{i}} = \dfrac{\mu_0 I_0}{2\pi}v\mathrm{e}^{-\lambda t}(\lambda t - 1)\ln\dfrac{a + b}{a}$。当 $\lambda t < 1$ 时，ε_{i} 为逆时针方向；当 $\lambda t > 1$ 时，ε_{i}

为顺时针方向

8-6　（1）$-\dfrac{\mu_0 \alpha d}{2\pi}\ln\dfrac{4}{3}$；（2）顺时针方向

8-7　C)

8-8　D)

8-9　C)

8-10　（1）0；（2）0.2 H；（3）0.05 H

8-11　$L = \dfrac{\mu_0 N^2 h}{2\pi} \ln \dfrac{b}{a}$

8-12　$M = \dfrac{\mu_0 N_1 N_2 \pi r^2 R^2}{2 (R^2 + d^2)^{3/2}}$

第十一章　光学

11-1　$\dfrac{2\pi d \sin\theta}{\lambda}$

11-2　A)

11-3　（1）$\dfrac{3D\lambda}{d}$ ；（2）$\dfrac{D\lambda}{d}$

11-4　（1）$2\pi e(n - 1)/\lambda$；（2）4.16×10^{-4} cm

11-5　C)

11-6　（1）$x = 6.0$ mm ；（2）$x' = 19.9$ mm

11-7　B)

11-8　$R = 10$ m

11-9　（1）$e_{10} = 2.32 \times 10^{-4}$ cm ；（2）$r_{10} = 0.373$ cm

11-10　5.391×10^{-7} m

11-11　$\dfrac{N\lambda}{2L} + 1$

11-12　（1）$\lambda = 5 \times 10^{-7}$ m；（2）$k = 72$

11-13　A)

11-14　D)

11-15　D)

11-16　（1）6 cm；（2）5 个

11-17　（1）$d = 6.0 \times 10^{-6}$ m；（2）1.5×10^{-6} m；（3）0，±1，±2，±3，±5，±6，±7，±9

11-18　（1）$k = 2$；（2）$d = 1.2 \times 10^{-3}$ cm

11-19　B)

11-20　略

11-21　D)

11-22 $\dfrac{\pi}{6}$ rad；1.73

11-23 $\arctan \dfrac{n_2}{n_1}$ rad，$\arctan \dfrac{n_1}{n_2}$ rad

11-24 $\dfrac{9}{4}I_1$

第十五章 量子物理

15-1 D)

15-2 B)

15-3 C)

15-4 19.5%

15-5 （1）$h\nu = 6.62 \times 10^{-19}$ J $= 4.14$ eV，$m = 7.37 \times 10^{-36}$ kg，$p = 2.21 \times 10^{-27}$ kg·m·s^{-1}；
（2）能

15-6 （1）$v_{\max} = 1.14 \times 10^6$ m·s^{-1}；（2）$U_a = 3.72$ V

15-7 （1）$\varphi = 89.3°$；（2）$E_k = 2.4 \times 10^4$ eV

15-8 （1）$\lambda = 4.34 \times 10^{-12}$ m；（2）$\varphi = 63.35°$

15-9 （1）$\lambda_0 = 565$ nm；（2）$\lambda = 173$ nm

综合测试（一）

一、单项选择题

1. C)　　2. D)　　3. C)　　4. D)　　5. C)　　6. B)　　7. B)

二、填空题

1. $\dfrac{\pi R^2 IB}{2}$，在图示平面中向上

2. $\omega abB\cos \omega t$

3. $n = 1.4$

三、计算题

1. 圆柱中的电流呈轴对称分布，取闭合回路沿 **H** 线方向，利用有介质时的安培环路定理。

当 $r > R$ 时，$\oint_L \boldsymbol{H} \cdot \mathrm{d}l = 2\pi r H = \pi R^2 j$，$H = \dfrac{R^2 j}{2r}$，$B = \mu_0 H = \dfrac{\mu_0 R^2 j}{2r}$；

当 $r < R$ 时，$\oint_L \boldsymbol{H} \cdot \mathrm{d}l = 2\pi r H = \pi r^2 j$，$H = \dfrac{jr}{2}$，$B = \mu_0 \mu_r H = \dfrac{\mu_0 \mu_r jr}{2}$。

H 和 **B** 的方向与电流满足右手螺旋定则。

2.（1）根据磁矩的定义 $\boldsymbol{P}_m = NIS\boldsymbol{n}$，得

$$P_m = NIS = 1\,000 \times 10 \times \frac{3.14 \times 0.1^2}{2}\ \mathrm{A \cdot m^2} = 157\ \mathrm{A \cdot m^2}$$

方向垂直于纸面向内。

（2）由磁力矩公式 $\boldsymbol{M}_m = \boldsymbol{P}_m \times \boldsymbol{B}$，得

$$M = P_m B\sin\theta = 157 \times 3.0 \times 10^{-2}\ \mathrm{N \cdot m} = 4.71\ \mathrm{N \cdot m}$$

方向向下。

3. 在矩形线圈平面上，磁场方向垂直于平面向内。当线圈向右运动时，长度为 b 的两条边的运动方向与其长度方向平行，对边上任一导线元，都有 $(\boldsymbol{v} \times \boldsymbol{B}) \cdot \mathrm{d}\boldsymbol{l} = 0$，因而这两条边上无动生电动势。就边长为 l 的两条边而言，长度方向、运动方向、磁场方向两两垂直，因而它们都具有动生电动势，则

$$\varepsilon_{AD} = NB_1 lv = N\frac{\mu_0 I}{2\pi d}lv$$

$$\varepsilon_{BC} = NB_2 lv = N\frac{\mu_0 I}{2\pi(d+b)}lv$$

它们的方向对线圈而言是相反的。ε_{AD} 的方向是顺时针的，ε_{BC} 的方向是逆时针的，因而线圈中的动生电动势为

$$\varepsilon = \varepsilon_{AD} - \varepsilon_{BC} = \frac{N\mu_0 Ilv}{2\pi}\left(\frac{1}{d} - \frac{1}{d+b}\right) = 6.86 \times 10^{-5}\ \mathrm{V}$$

4.（1）选顺时针方向为线框回路的正绕向。由磁场的分布及方向可知，在图 1 中，两块阴影部分上的磁通量互相抵消，故穿过线框的磁通量为

$$\Phi_m = \iint_S \boldsymbol{B} \cdot \mathrm{d}\boldsymbol{S} = \iint_S B \cdot \mathrm{d}S = \frac{\mu_0 Ia}{2\pi}\int_c^b \frac{\mathrm{d}x}{x} = \frac{\mu_0 Ia\ln 3}{2\pi}$$

互感系数 $M = \dfrac{\Phi_m}{I} = \dfrac{\mu_0 a\ln 3}{2\pi}$。

（2）由电磁感应定律可知，线框中的互感电动势为

$$\varepsilon = -M\frac{\mathrm{d}I}{\mathrm{d}t} = \frac{\mu_0 a\lambda I_0 \ln 3}{2\pi}\mathrm{e}^{-\lambda t}$$

$\varepsilon > 0$，说明互感电动势为顺时针方向。

图 1

5. 由题可知，两介质片插入前后，对于原中央明条纹所在点 O，有

$$\delta_2 - \delta_1 = (n_2 - n_1)d = 5\lambda$$

将有关数据代入可得

$$d = \frac{5\lambda}{n_2 - n_1} = 8.0\ \mu\mathrm{m}$$

6. （1）设第 k 级条纹的牛顿环半径为 r_k ，则该处空气膜的厚度为 $d = r_k^2/2R$ ，该处的光程差为 $\delta = 2d + \lambda/2 = r_k^2/R + \lambda/2$ 。

对于明条纹，有 $\delta = k\lambda$ ，即 $r_k^2/R + \lambda/2 = k\lambda$ ，故 $r_k = \sqrt{\left(k - \dfrac{1}{2}\right)R\lambda}$ （ $k = 1$ ，2，3，…）。

条纹是以接触点为中心的同心圆环，在中心处 $\delta = \dfrac{\lambda}{2}$ ，为暗条纹。

（2）当在透镜和平板玻璃间充满折射率为 $n = 1.6$ 的透明液体时，在半径为 r 处有 $d = r^2/2R$ ，则光程差为左侧 $\delta_1 = 2nd = r^2 n/R$ ，右侧 $\delta_2 = 2nd + \lambda/2 = r^2 n/R + \lambda/2$ 。

7. （1）因为 $(a + b)\sin 30° = 3\lambda_1$ ，故

$$a + b = \frac{3\lambda_1}{\sin 30°} \approx 3.36 \times 10^{-4}\ \text{cm}$$

（2）因为 $(a + b)\sin 30° = 4\lambda_2$ ，故 $\lambda_2 = \dfrac{(a + b)\sin 30°}{4} \approx 420\ \text{nm}$ 。

8. 设自然光的光强为 I_0 ，通过第一个偏振片后自然光成为线偏振光，其光强为 $I_1 = \dfrac{I_0}{2}$ ，由题意，偏振光再通过第二个偏振片后的光强为 $I_e = I_1 \cos^2\alpha = \dfrac{1}{2}I_0 \cos^2 60° = \dfrac{1}{8}I_0$ ，即入射光强为 $I_0 = 8I_e$ ，今在两偏振片间再插入另一个偏振片，由于它与第一第二偏振片间的夹角都是 $30°$ ，由马吕斯定律有

$$I_1 = \frac{1}{2}I_0 = \frac{1}{2} \times 8I_e = 4I_e$$

$$I_2 = I_1 \cos^2 30° = 4I_e\left(\frac{\sqrt{3}}{2}\right)^2 = 3I_e$$

综合测试（二）

一、单项选择题

1. D)　　　2. C)　　　3. C)　　　4. B)　　　5. B)　　　6. D)　　　7. D)

二、填空题

1. $\dfrac{\mu_0 I_1 I_2 \pi R_1^2}{2R_2}$ ，水平向右

2. 50 V

3. 1.2

三、计算题

1. 电流 I 均匀分布在内半径为 a 、外半径为 b 的导体圆管上，在圆管横截面的电流密

度为 $j = \dfrac{I}{\pi(b^2 - a^2)}$，取半径为 $r(a < r < b)$ 的圆形积分回路，应用安培环路定理，可得

$\oint_l \boldsymbol{B} \cdot d\boldsymbol{l} = 2\pi rB = \dfrac{\mu_0 I}{\pi(b^2 - a^2)}\pi(r^2 - a^2)$，解得 $B = \dfrac{\mu_0 I(r^2 - a^2)}{2\pi r(b^2 - a^2)}$，方向与电流方向满足右手螺旋定则。

2. 载流导线 MN 上任一点 x 处的磁感应强度大小为

$$B = \frac{\mu_0 I_1}{2\pi(r + x)} - \frac{\mu_0 I_2}{2\pi(2r - x)}$$

MN 上电流元 $I_3 dx$ 所受安培力为

$$dF = I_3 Bdx = I_3\left[\frac{\mu_0 I_1}{2\pi(r + x)} - \frac{\mu_0 I_2}{2\pi(2r - x)}\right]dx$$

故

$$F = I_3 \int_0^r \left[\frac{\mu_0 I_1}{2\pi(r + x)} - \frac{\mu_0 I_2}{2\pi(2r - x)}\right]dx$$

$$= \frac{\mu_0 I_3}{2\pi}\left(\int_0^r \frac{I_1}{r + x}dx - \int_0^r \frac{I_2}{2r - x}dx\right)$$

$$= \frac{\mu_0 I_3}{2\pi}\left(I_1 \ln\frac{2r}{r} + I_2 \ln\frac{r}{2r}\right)$$

$$= \frac{\mu_0 I_3}{2\pi}(I_1 \ln 2 - I_2 \ln 2)$$

$$= \frac{\mu_0 I_3}{2\pi}(I_1 - I_2)\ln 2$$

若 $I_2 > I_1$，则 F 的方向向下；若 $I_2 < I_1$，则 F 的方向向上。

3. 线圈里的磁通量为

$$\Phi_m(t) = \iint_S \boldsymbol{B} \cdot d\boldsymbol{S} = \iint_S B \cdot dS = \int_a^{a+l_1} \frac{\mu_0 I l_2}{2\pi x}dx = \frac{\mu_0 I l_2}{2\pi}\ln\frac{a + l_1}{a}$$

线圈中感应电动势为

$$\varepsilon = -\frac{d\Phi_m}{dt} = -\frac{\mu_0 l_2}{2\pi}\ln\frac{a + l_1}{a} \cdot \frac{dI}{dt} = -\frac{\mu_0 k l_2}{2\pi}\ln\frac{a + l_1}{a} < 0\,(\text{逆时针方向})$$

4. $W = \dfrac{B^2}{2\mu}V = \dfrac{B^2}{2\mu}lS = \dfrac{\Phi Bl}{2\mu}$，其中 l 为环长，而 $B = (NI/l)\mu$，即 $Bl = \mu NI$，故

$$W = \frac{1}{2}\Phi NI = 0.125 \text{ J}$$

5. 劈形膜内为空气时，$l_{空} = \lambda/2\theta$。

劈形膜内为液体时，$l_{液} = \lambda/2n_2\theta$。

则由 $l = l_{空} - l_{液} = \lambda/2\theta - \lambda/2n_2\theta$，得

$$\theta = \frac{\lambda(1 - 1/n_2)}{2\Delta l} = 1.71 \times 10^{-4} \text{ rad}$$

6. （1）设透镜到屏的距离为 $d(d=f)$，由于 $d \gg b$，对点 P 而言，有 $\sin\varphi \approx \frac{x}{d}$。根据衍射明条纹的条件 $b\sin\varphi = (2k+1)\frac{\lambda}{2}$，有 $\frac{bx}{d} = (2k+1)\frac{\lambda}{2}$。

将 b、d、x 的值代入 $\frac{bx}{d} = (2k+1)\frac{\lambda}{2}$，并考虑可见光波长的上、下限值，有

$\lambda_{\min} = 400$ nm 时，$k_{\max} = 4.75$；

$\lambda_{\max} = 760$ nm 时，$k_{\min} = 2.27$。

因 k 只能取整数值，故在可见光范围内只允许有 $k=4$ 和 $k=3$，它们所对应的入射光波长分别为 $\lambda_2 = 466.7$ nm 和 $\lambda_1 = 600$ nm。

（2）点 P 的条纹级次随入射光波长而异，当 $\lambda_1 = 600$ nm 时，$k=3$；当 $\lambda_2 = 466.7$ nm 时，$k=4$。

（3）当 $\lambda_1 = 600$ nm 时，$k=3$，半波带数目为 $(2k+1)=7$；当 $\lambda_2 = 466.7$ nm 时，$k=4$，半波带数目为 $(2k+1)=9$。

7. 已知光栅常数 $d=a+b$，即

$$d = a + b = \frac{1 \times 10^{-3}}{500} \text{ m} = 2 \times 10^{-6} \text{ m}$$

由光栅方程可得，最大级次为 $k_{\max} = \frac{a+b}{\lambda} = [3.4] = 3$，即最多能观察到第三级光谱线。

又因为 $\frac{a+b}{a} = 2$，所以衍射条纹中，$k = \pm 2$ 的主极大缺级。

故实际上屏上能观察到的主极大条纹为 $k = 0, \pm 1, \pm 3$，共 5 条。

8. 当自然光通过偏振片 P_1 时，光强为 $I_1 = \frac{I_0}{2}$。对于 t 时刻，偏振片 P_3 转过的角度 $\theta = \omega t$ rad。当光强为 I_1 的线偏振光透过偏振片 P_3 时，有 $I_2 = I_1\cos^2\theta = \frac{1}{2}I_0\cos^2\theta$。

当光再通过偏振片 P_2 后，有

$$I_3 = I_2\cos^2\alpha = \frac{1}{2}I_0\cos^2\theta\cos^2\left(\frac{\pi}{2} - \theta\right)$$

$$= \frac{1}{2}I_0\cos^2\theta\sin^2\theta = \frac{I_0}{8}(1 - \cos^2 2\theta) = \frac{I_0}{16}(1 - \cos 4\theta) = \frac{I_0}{16}(1 - \cos 4\omega t)$$

即透射光的光度 I_3 是时间 t 的函数，随着 P_3 的转动，I_3 进行周期性变化。

综合测试（三）

一、单项选择题

1. B)　　2. B)　　3. D)　　4. B)　　5. A)　　6. D)　　7. B)

二、填空题

1. 6.67×10^{-7} T，7.20×10^{-7} A·m^2

2. 0，$\dfrac{1}{2}\mu_0\left(\dfrac{Ir}{2\pi R^2}\right)^2$

3. 0.36 mm

三、计算题

1. 根据磁场的叠加，在图（a）中，$\boldsymbol{B}_O = -\dfrac{\mu_0 I}{4R}\boldsymbol{i} - \dfrac{\mu_0 I}{4\pi R}\boldsymbol{k} - \dfrac{\mu_0 I}{4\pi R}\boldsymbol{k} = -\dfrac{\mu_0 I}{4R}\boldsymbol{i} - \dfrac{\mu_0 I}{2\pi R}\boldsymbol{k}$；

在图（b）中，$\boldsymbol{B}_O = -\dfrac{\mu_0 I}{4\pi R}\boldsymbol{i} - \dfrac{\mu_0 I}{4R}\boldsymbol{i} - \dfrac{\mu_0 I}{4\pi R}\boldsymbol{k} = -\dfrac{\mu_0 I}{4R}\left(\dfrac{1}{\pi} + 1\right)\boldsymbol{i} - \dfrac{\mu_0 I}{4\pi R}\boldsymbol{k}$；

在图（c）中，$\boldsymbol{B}_O = -\dfrac{3\mu_0 I}{8R}\boldsymbol{i} - \dfrac{\mu_0 I}{4\pi R}\boldsymbol{j} - \dfrac{\mu_0 I}{4\pi R}\boldsymbol{k}$。

2. 由安培环路定理可知，导体内外的磁感应强度大小分别为

$$B = \frac{\mu_0 Ir}{2\pi R^2} \quad (0 \leqslant r \leqslant R)$$

$$B = \frac{\mu_0 I}{2\pi r} \quad (r > R)$$

对于题图所示的情况，磁感应强度的方向均垂直于纸面向内。

在图中到轴线距离为 r 处作一面积元 $\mathrm{d}S = h\mathrm{d}r$，于是有 $\mathrm{d}\Phi_{\mathrm{m}} = B\mathrm{d}S = Bh\mathrm{d}r$，则通过阴影部分的磁通量为

$$\Phi_{\mathrm{m}} = \int_0^R \frac{\mu_0 I}{2\pi R^2}rh\mathrm{d}r + \int_R^{2R} \frac{\mu_0 I}{2\pi r}h\mathrm{d}r = \frac{\mu_0 Ih}{4\pi}(1 + 2\ln 2)$$

3. 如图 1 所示，感应电动势为

$$\varepsilon_{MeN} = \int_{MN} (\boldsymbol{v} \times \boldsymbol{B}) \cdot \mathrm{d}\boldsymbol{l}$$

为计算简单，可引入一条辅助线 MN，构成闭合回路 $MeNM$，闭合回路总电动势为

$$\varepsilon_{总} = \varepsilon_{MeN} + \varepsilon_{MN} = 0$$

于是

$$\varepsilon_{MeN} = -\varepsilon_{NM} = \varepsilon_{MN}$$

图 1

$$\varepsilon_{MN} = \int_{MN} (\boldsymbol{v} \times \boldsymbol{B}) \cdot \mathrm{d}\boldsymbol{l} = \int_{a-b}^{a+b} -v\frac{\mu_0 I}{2\pi}\mathrm{d}x = -\frac{\mu_0 Iv}{2\pi}\ln\frac{a+b}{a-b}$$

负号表示 ε_{MN} 的方向与 x 轴正方向相反。则

$$\varepsilon_{MeN} = -\frac{\mu_0 Iv}{2\pi}\ln\frac{a+b}{a-b}$$

方向由 N 指向 M。

4. （1）钾的逸出功 $W = h\nu_0 = \frac{hc}{\lambda_0} = \frac{6.626 \times 10^{-34} \times 3 \times 10^8}{0.62 \times 10^{-6}}\mathrm{J} \approx 3.2 \times 10^{-19}\,\mathrm{J} = 2.0\,\mathrm{eV}$

（2）设钾的遏止电压为 U_a，则

$$eU_a = \frac{1}{2}mv_m^2 = h\nu - W = h\frac{c}{\lambda} - W$$

$$= \frac{6.626 \times 10^{-34} \times 3 \times 10^8}{330 \times 10^{-9}}\mathrm{J} - 3.2 \times 10^{-19}\,\mathrm{J}$$

$$\approx 2.82 \times 10^{-19}\,\mathrm{J} = 1.77\,\mathrm{eV}$$

所以 $U_a = 1.77\,\mathrm{eV}$。

5. 覆盖玻璃片前，$d = r_2 - r_1 = 0$。

覆盖玻璃片后，$d = (r_2 + n_2 d - d) - (r_1 + n_1 d - d) = 5\lambda$。所以

$$(n_2 - n_1)d = 5\lambda$$

$$d = \frac{5\lambda}{n_2 - n_1} \approx 8.0 \times 10^{-6}\,\mathrm{m}$$

6. 根据题意有 $\frac{\Delta r}{\Delta r'} = \frac{\sqrt{\lambda'}}{\sqrt{\lambda}}$，故该单色光的波长为 $\lambda' \approx 546\,\mathrm{nm}$。

7. 由光栅方程 $(a + b)\sin\varphi = k\lambda$ 可知，当 $\sin\varphi = 1$，$k = \frac{a+b}{\lambda} = \frac{3.0 \times 10^{-6}}{490 \times 10^{-9}} = 6.12$。

所以两侧均最多能看到第六级，根据光栅方程 $(a + b)\sin\varphi = k\lambda$ 以及衍射暗纹条件

$a\sin\varphi = k'\lambda$，可得 $\frac{a+b}{a} = \frac{k}{k'}$。

将 $a + b$、a 的值代入 $\frac{a+b}{a} = \frac{k}{k'}$，得 $k = 3k'(k' = 1, 2, 3, \cdots)$，可知 $k = 3$、6 缺级。

因此屏上可看到 $k = 0, \pm 1, \pm 2, \pm 4, \pm 5$ 共 9 条明条纹。

8. 根据题意可知：

$$I_A = \frac{1}{2}I_0$$

$$I_B = I_A\cos^2\alpha = \frac{I_0}{2}\cos^2\alpha = \frac{1}{4}I_0$$

$$\cos^2\alpha = \frac{1}{2}$$

$$\alpha = 45°$$

参 考 文 献

[1] 马振宁. 大学物理同步辅导 [M]. 北京：首都经济贸易大学出版社，2016.

[2] 单亚拿，马振宁. 大学物理知识内容精讲与应用能力提升 [M]. 北京：高等教育出版社，2018.

[3] 马文蔚，解希顺，周雨青. 物理学 [M]. 7 版. 北京：高等教育出版社，2020.

[4] 李星. 大学物理学（下册）导学教程 [M]. 北京：北京理工大学出版社，2019.

[5] 程守洙，江之永. 普通物理学 [M]. 北京：高等教育出版社，2006.

[6] 姚启钧. 光学教程 [M]. 北京：高等教育出版社，2008.

[7] 赵凯华，陈熙谋. 电磁学 [M]. 4 版. 北京：高等教育出版社，2018.

[8] 余虹，张殿凤. 大学物理解题能力训练 [M]. 大连：大连理工大学出版社，2008.

[9] 郑国和. 最新大学物理复习指导 [M]. 北京：海洋出版社，2000.

[10] 刘娟，胡演，周雅. 物理光学基础教程 [M]. 北京：北京理工大学出版社，2017.

[11] 康山林，刘华，梁宝社. 大学物理学习指导 [M]. 北京：北京理工大学出版社，2011.